U0396647

城市导向标准
应用指南

CHENGSHI DAOXIANG BIAOZHUN YINGYONG ZHINAN

张 欢 潘 洋 主编

浙江工商大学出版社
ZHEJIANG GONGSHANG UNIVERSITY PRESS

图书在版编目（CIP）数据

城市导向标准应用指南 / 张欢，潘洋主编. —杭州：
浙江工商大学出版社，2017.5
ISBN 978-7-5178-2155-7

Ⅰ. ①城… Ⅱ. ①张… ②潘… Ⅲ. ①城市规划—标
准 Ⅳ. ①TU984－65

中国版本图书馆 CIP 数据核字（2017）第 103490 号

城市导向标准应用指南

张　欢　潘　洋主编

责任编辑	王黎明	
封面设计	林朦朦	
责任印制	包建辉	
出版发行	浙江工商大学出版社	
	（杭州市教工路 198 号　邮政编码 310012）	
	（E-mail：zjgsupress@163.com）	
	（网址：http://www.zjgsupress.com）	
	电话：0571－88904970，88831806（传真）	
排　　版	杭州朝曦图文设计有限公司	
印　　刷	杭州恒力通印务有限公司	
开　　本	787mm×1092mm　1/16	
印　　张	14	
字　　数	241 千	
版 印 次	2017 年 5 月第 1 版　2017 年 5 月第 1 次印刷	
书　　号	ISBN 978-7-5178-2155-7	
定　　价	46.00 元	

前　言

　　一座现代化城市的文明程度很大意义上取决于公众接收到的城市环境信息是否便利与完善，以及所感受的服务是否贴心与细致。城市导向标准便是提升文明程度的重要标尺，它是城市规划建设中的重要基础，是衡量城市中人与环境信息交互有效沟通的重要手段。城市导向系统指引方向，传递信息，它使城市的环境状况与功能，能够快速、详细、准确地被人们所认知，为人们提供便利、舒适、和谐的社会生活环境。但随着社会发展的加速，在城市数量、面积、功能不断提升的同时，城市也变得越来越复杂。人们深切地感受到，在当今现代城市环境中，缺乏系统化、规范化的城市导向系统，不仅给认知传播带来障碍，也给生活行为造成困扰，甚至可能弱化城市功能，其后果难以想象。

　　城市导向标准覆盖城市的每个角落，与人们的生活息息相关，无论是城市居民还是闲散游客，无论是徒步还是行车，都离不开城市导向系统。然而，我国城市导向系统的建设还处在自发和盲目阶段，作为现代城市环境必不可少的城市导向标准化也日渐进入公众视野，亟须规范健全。国家主席习近平在第三十九届 ISO 大会上致辞指出：标准是人类文明进步的成果。从中国古代的"车同轨、书同文"，到现代工业规模化生产，都是标准化的生动实践。伴随着经济全球化深入发展，标准化在便利经贸往来、支撑产业发展、促进科技进步、规范社会治理中的作用日益凸显。标准已成为世界"通用语言"，世界需要标准协同发展，标准促进世界互联互通。可以看出，标准的建设意义不容小觑，当下迫切需要梳理现有国家、行业、地方城市导向标准，搭建科学有效的标准体系，并在此过程中进一步研究、建立方便快捷、兼具功能性与文化性的城市导向系统。

　　本书出版得益于浙江省质量技术监督局科技项目《城市公共标识标准化关键技术研究——以杭州为例》(20160219)的资金支持。编写组通过对城市导向标准化关键技术研究工作进行总结,力求全面、通俗解读我国城市导向标准体系,为标准的有效应用提供帮助,同时为该领域的标准化建设提供样本。

编 者

2017 年 2 月 18 日

目　　录

第一章

城市导向标准发展

第一节　城市导向系统概述

一、城市导向系统的概念

20世纪60年代,美国著名城市规划专家凯文·林奇在《城市意象》一书中,用感知环境的方法研究城市景观,影响极大。我们将其提出的内容称为空间导向系统,其目的是在现代越来越复杂的空间和信息环境中,运用空间导向系统使陌生访客能够在最短的时间里获得所需要的信息。这是导向系统作为一个新兴理论第一次为世人所了解,在业界引起了极大的轰动。

随后标识导向系统被提出,指在空间与信息环境中,以系统化设计为导向,综合解决信息传递、识别、辨别和形象传递等功能以帮助陌生访客能够快速获得所需要信息的整体解决方案。

现在,出现了导向系统的多种新兴理论,其中静态导向系统是为了提示、引导人们在城市室外公共空间环境中从事各种活动而设置在空间中的、通过视觉感知要素传达空间地理实体信息的导向设施系统。数字化导向系统其本质是海量城市空间数据与三维城市地理信息系统、时序城市地理信息系统的融合。系统是以计算机技术、多媒体技术和大规模存储技术为基础,以宽带网络为纽带,运用遥感(RSV)、全球定位系统(GPS)、地理信息系统(GIS)、遥测遥控、虚拟现实等技术实现指示、引导、标记说明等功能,帮助人们在一定范围内进行活动的信息系统。

从狭义上来说,城市导向系统的概念包括用以标明方向、区域的图形符号以及该符号在环境空间中的表现形式。从广义上来说,城市导向系统是用以传达空间概念的视觉符号和表现形式,具有指导和规范人们行为的作用和功能。导向系统在现代城市中随处可见,它是将信息转化成视觉图像的一种视觉化语言,是帮助人们在城市公共空间中快速、准确地进行视觉识别和获取公共信息的视觉系统。

二、城市导向系统的分类

城市导向系统是现代社会的一种需要,折射着社会的文明程度。它给人们提供了有效的空间信息,规范了人们的活动范围,满足了人们城市公共活动的基本需求。城市导向系统的分类方式很多,比如根据服务对象,可分为行人标识导向系统和车辆标识导向系统;根据所处环境,可分为室内标识导向系统与室外标识导向系统。

以城市功能划分为例,城市导向系统可以分为交通环境导向、公共环境导向、市政环境导向(见图 1-1)。

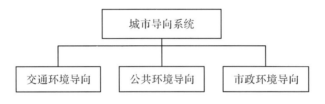

图 1-1　城市导向系统框架图

(一)交通环境导向

交通环境导向分为公路交通导向、机场交通导向、火车站交通导向、地铁交通导向、公共汽车站导向(见图 1-2)。

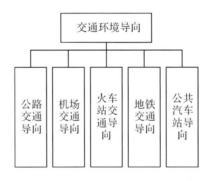

图 1-2　交通环境导向系统框架图

1.公路交通导向

公路交通导向必须具有良好的系统联系性,不能出现交通盲点,导向设施应醒目、明确,保证在限定车速和距离内用强制限定设施来进行导向管理,如设置隔离带或减速带等。

2.机场交通导向

机场是一个国家、一个城市的大门,这里往来的乘客往往具有不同的文化背景,使用不同的语言,加之机场范围较大,如果交通导向不够明确、清晰,很容易使乘客失去方向、不知所措。因此机场的导向必须具有很好的国际通识性,使各国乘客能够快速地正确认知。导向设施分布应当连续,信息明确,能够提高通过效率。

3.火车站交通导向

火车站不仅是一个城市的窗口,还往往是一个城市的人流、物流中心,具有面积大、外来人员多、流动性强的特点,所以火车站的交通导向首先是要解决导向的醒目性问题,使人们一进入火车站广场就能够知道如何利用火车站的各项功能。此外,火车站的导向还应当连续顺畅、细致准确,使人们可以快速地乘车或出站,以提高火车站的通过效率。

4.地铁交通导向

地铁是一个城市文明的标志,也是在大型城市中最快速的市内交通工具。但一提到地铁往往给人的感觉像是一个巨大的地下室,找不到地铁出入口或乘错方向的事时有发生。所以将地铁交通导向设计作为大型城市交通导向设计的一个重点是十分必要的。

5.公共汽车站导向

公共汽车是一个城市中效率最高、成本最低的交通工具。然而随着城市的扩大与发展,不少人往往愿意在出行时选择出租车,但其后果是城市的出租车数量猛增,提高了出行成本,增大了城市交通压力,降低了城市空气质量。造成这一问题的一个很重要因素是人们去往城市中一个不太熟悉的区域时,不知道该怎样来选择乘坐、换乘公交车辆。所以在公交车站的导向中应当能够提供城市的具体细节信息,能够快速查询到可以到达的路线和车次。此外,公交车站的设计也应当是醒目的且具有地标性质的,它应当存在于路的节点。

(二)公共环境导向

城市公共环境的意义不仅在于满足特定的功能要求,通过支持和激发有意义的城市公共活动,还可以成为城市整体中更为意义重大的组成部分。公共环境导向包括医院导向、学校导向、商场导向、写字楼导向、社区导向、旅游导向(见图1-3)。

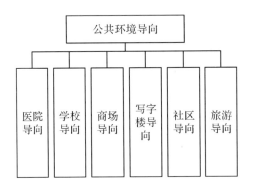

图 1-3　公共环境导向系统框架图

1.医院导向

随着医疗模式与医疗技术的发展,人们对医院环境提出了越来越高的要求——创造人性化的医疗环境,对病人的意愿和需求给予尊重、理解和满足,为病人创造情感健康的康复环境;为医务人员营造温馨的空间,使医生保持平和心态,最终体现对病人与医护人员的人文关怀。

现代医院设置日益齐全、科室繁多、走道纵横,无疑会令使用功能变得复杂,同时相关功能之间的联系以及各种交通流向会给使用者带来不便。设置科学明晰的医院标识导向系统,不仅是医院形象系统与内部使用功能的重要组成部分,还将成为医院信息化管理的基础平台,让人们在使用中感到方便、自然。医院环境导向系统从使用范围上可分为室外环境导向、公共区域导向和室内环境导向。其中,室外环境导向主要包括医院环境地图、医院名称、各医疗建筑名称、建筑物入口及相对位置标识。公共区域导向主要包括停车场、无障碍通道及其他公共设施相对位置导向。室内环境导向则包括各门诊、住院部等医疗空间的室内环境导向。

2.学校导向

在众多校园里,很多都不具备完善的校园景观导向标识。楼层信息不明了,具体方位表现不明确,不确切的材料、造型的运用从很大程度上影响了校园本身所具有的气质。校园导向系统的设置应以学校的优势定位为出发点,在基于校园本身特点的前提下展开,所有的标识造型、材质的运用都应该进行充分的研究,要表现其个性的一面。现代化的校园,应有现代化的表现方式。运用现代化的导向系统,是现代校园文化的重要组成部分。

3.商场导向

　　随着人们消费方式的变化,商场和超市越来越向综合型、超大型方向发展,便于消费者实现一站式购物。但是,由于这些大型购物商场内部是一个相对独立的环境,顾客用于辨别方向、位置的参照物相对较少,顾客对其较陌生,因此如果导向系统不够完善,消费者极有可能在寻找目标位置时花费更多的时间、人力,经常出现消费者向销售人员询问卫生间在哪儿,电梯在哪儿等现象。为此,创造人性化的购物环境应成为商场管理层追求的管理目标。

　　所谓商场的导向系统,指表现商场功能区域的空间结构的环境信息,包括导购图、指示牌、地面标记等。目前,大部分商场的导向系统还停留在简单标识的阶段,如在楼层入口处悬挂一块指示标牌,标出该楼层的商品,楼层内悬挂一些"出口""卫生间"等简单指示牌。一套较完善的导向标识系统应该能够让消费者了解整个商场的结构布置,知道他们此时在整个商场的位置,并且知道目标位置在哪儿,明晰抵达路线,使购物更轻松、快捷。

　　4.写字楼导向

　　写字楼是现代城市中的建筑森林,在写字楼内,为了保持良好的工作秩序,便于来访者找到所要去的部门,就需要发挥导向系统作用,让它向来访者传递相关信息。对于行政机关来说,一套明晰的导向系统不仅反映了为民服务的热情,更增进了部门与群众的关系,同时,也维护了良好的工作秩序。对于商业写字楼来说,在大堂内设立各公司所在楼层一览牌,并在各楼层设置楼层公司、部门的分布标识,在为来访者提供方便的同时,也让写字楼变得更为亲切,更在无形之中为企业树立了良好的形象。

　　5.社区导向

　　社区场所是生活居住的环境。随着生活水平的提高、居住条件的改善,居住小区由物业服务公司承担社区管理的模式已十分普遍。物业服务公司在小区运用标识系统,已成为规范管理的一个重要方面。社区场所入口人口集中,生活设施配套完善,人际往来密切,导向系统不仅反映了社区管理以人为本的服务管理理念,同时也方便了生活,促进了人际关系的沟通,使居民享受到温馨的服务。

　　6.旅游导向

　　游客站在导向图前,可以明确自己所处的位置,并快速找到各主要道路、景区景点、住宿、购物、餐饮、娱乐场所及旅行社、城市主要建筑等。对于旅游城市来说,除各景区景点逐步完善各种旅游设施外,还应着手完善城市的旅游公共设施。针对自驾游、自助游的游客逐年增多的情况,在城市增加以服务游客食、住、行、游、购、娱等目的而设计的旅游导向设施,更好地为游客起到导向作用。旅游部门还应在各星级酒店设置旅游资料架,放置旅游宣传页及各景区景点的宣传资料,方便住宿的游客查阅。此外,在各国道、高速公路出口处,都应设立景区导向标志,提前标示各景区景点的走向,方便自驾游游客。

(三)市政环境导向

市政导向主要包括城市中的各种公用场所及设施等的相互关系及导向,如邮局、广场、体育场、商店、公用电话亭、停车场等的相互关系及导向说明,使整个城市的市政功能明朗化。市政环境导向分为公共服务机构导向和公共安全导向(见图1-4)。

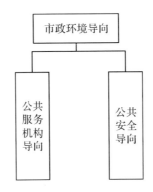

图1-4 公共环境导向系统框架图

1.公共服务机构导向

公共服务机构包括:幼儿园、学校、银行、邮局、青少年宫、体育场、医院、图书馆、博物馆等。公共服务机构的根本宗旨是"为民众提供更完善的政务服务"。因此,在设计城市公共服务机构导向时,要把其公用服务性发挥出来,人性化的无障碍设计是必要的体现。

2.公共安全导向

公共安全包括消防、公安、防暴、防疫、防洪、人防、急救等。"9·11"事件之后,人类的城市安全观念发生了巨大变化。在城市安全领域,社会治安和影响公共安全的突发性事件是传统意义上的核心领域,在城市中出现安全危机时,公共安全导向必须能够起到快速高效的指挥作用。例如"9·11"事件发生时,在断电、浓烟的情况下,世贸大厦里1.8万人在一个半小时内从两栋摩天大楼里安全疏散,发光安全指示标志贡献巨大,以至于美国五角大楼维修时也在大楼内部的走廊里安装了长达 28 公里的自发光材料指示系统。所以公共安全导向的建立必须是系统的、强制性的。

导向系统的建立就是要在各个子系统内部的各个节点（道路、通道的交叉点、汇合点），以及系统与系统之间的衔接处设置相应的导向要素，提供准确的信息，达到导向的目的。

第二节　标准化发展简史

标准化作为一门新的学科，虽然只是大机器工业生产发生后的事情，但它的发展历史却源远流长，可以追溯到几千年之前。

恩格斯在《辩证法和自然科学》一文中提出"学科的兴起与发展从开始便是由生产所决定的"，标准化也遵循这条客观规律，它是人类由自然进入社会共同生活实践的必然产物，它随着生产的发展、科技的进步和生活质量的提高而发生、发展，受生产力制约，同时又为生产力的进一步发展创造条件。我们以生产力的发展水平作为划分标准化历史的依据，考察其产生和发展的概况。

一、古代标准化

当人类还处在茹毛饮血的时代时，他们的生活方式同周围其他动物相差无几。然而由于长期同大自然搏斗，头脑日益发达，人类学会了使用木棒、石块等作为狩猎和防御的工具。由于群居生活和共同劳动，人类的吼叫声也逐步发展成为清晰易懂的声音，成为人们互相之间交流思想感情和传达信息的手段，古代标准化也随之产生了。

（一）语言、数字、文字和符号的标准化

语言标准化是人类最早和最基本的标准化活动，由于当时社会生产力极低，人类为了生存，必须群居和集体劳动，语言交流的客观要求使人类从单音节的吼叫逐步演化成有明确统一含义的语言，能被大家所理解和公认，再从语言经过符号、记号产生了象形文字，最后发展成一定范围（氏族、民族、地区、国家等）内通用的书面语言文字，如我国从公元前 17 世纪至公元前 11 世纪的商代甲骨文到公元前 221 年秦始皇统一的文字——小篆。据我国《九章算术》记载，公元 1 世纪中国首创数字十进位法，而印度到公

元 6 世纪末才出现十进位数。这些语言、符号和文字的产生过程就是一个不断的标准化过程,经过漫长的岁月发展成今天的语言、符号和文字标准。如:

汉、英、俄、日文是中国、英美、俄罗斯、日本的语言文字标准;

0,1,2,…,9 是全世界通用的数字符号标准。

类似这样的语音、符号和文字标准还有许多,这是古代标准化第一项伟大的成果。至今,符号、代号标准仍是一类十分重要的基础标准。

(二)度量衡器具的标准化

由于生产和生活的需要,人们要对大小、多少、长短、早晚进行计量,从而产生了"滴水计时""伸掌为尺"或"布手知尺""手捧为升"和"迈步立亩"等一些最简单的计量标准。

公元前 221 年,秦始皇统一中国,建立了封建王朝以后,统一了全国的度量衡器标准,并在此基础上推行了"书同文、车同轨、统一驰道、统一货币、统一兵器"等重大政策。古埃及、古希腊等同样首先以人体的肘、脚等部位尺寸作为长度标准,如腕尺、英尺等。公元 701 年,日本发布大宝律令,统一度量衡。13 世纪欧洲各国也在各自领域内开始建立计量单位标准,并制作了各种金属标准样品,由政府保管,作为依据。直到 1791 年 3 月 30 日,法国议会决定按十进位原理建立米制,为计量单位的国际标准化奠定了基础。

(三)石器和青铜器的标准化

人类的劳动首先是从制造生产工具开始的,为了猎取食物和防御野兽的侵害,人类最初使用的工具除了树棒就是石器,用它来刮削树枝和兽皮。早期的石器是各有不同形状和特色的,但经过较长时期的实践,通过相互交流、学习,不断摸索改进,选优仿制使石器的形状、大小逐步趋于类似。据古人类学提供的资料表明,我国云南元谋人打制的石器与蓝田人、北京人打制的石器很类似,而且从欧洲、非洲出土的石器与亚洲出土的石器形式、尺寸也很相似。

(四)建筑的标准化

为了抵御风寒和野兽的袭击,人类在筑居栖身的过程中,运用了标准化原理和方法,迈开了建筑标准化的步伐,建筑标准化是从砖坯的标准制作开始的。据查证,古代埃及、中东、印度和我国华北一带,人们都是使用一个木制的砖模框架,就地取土生产砖坯。

古代各种建筑物的长度、宽度和高度尺寸通常都是以人体尺寸为基准尺寸度量的，如古希腊巴特农神庙的柱基与柱高的比例是 1∶6，同当时人足长度与人体高度比例一致。又如罗马时期建筑物的长度是以人手的尺寸为基准，只是到后来才过渡到以标准量尺为丈量依据，但各种建筑如宫殿、寺庙、塔楼等，从结构到外部尺寸都是标准化的。

公元前 2050 年，人类最早的法典——古巴比伦汉穆拉比法典就记载有建筑方面的标准。我国宋朝李诚所著的《营造法式》，就是建筑材料和建筑结构的标准汇编，"法式"即是标准，中国长城和故宫、埃及金字塔等伟大建筑，更是古代建筑标准化方面的杰作。

（五）活字印刷术——标准化发展史上的里程碑

北宋时代（1041—1048 年），我国伟大的发明家毕昇首创了活字印刷术，一举革除了原来雕刻书版印刷的落后技术，对人类的科学文化传播做出了杰出的贡献。活字印刷成功地运用标准单元、互换性、分解组合、重复利用等一系列标准化原则和方法，成为标准化发展史上的重要里程碑。

古代标准化时期的基本生产方式是手工操作方式。由于受历史条件和生产力水平的限制，除了一些重大事物如货币、度量衡器等有全国统一的标准外，一般工农业产品的标注更多是存在于人们的头脑中，即使有文字标准，其形式、内容都较简单扼要，并且和生产技术工艺混融在一起。因此标准化不可能形成一门单独的学科。孟子阐述的"不以规矩，不能成方圆"，这一浓厚而光辉的标准化思想一直推动着人类古代标准化的发展，充分证明了中华民族在古代标准化时期是处于领先地位的。

二、近代标准化

人类有意识地组织标准化活动开始于 18 世纪 70 年代。英、美、法、德、日等国先后完成了以纺织机和蒸汽机的发明与使用为标志的工业革命。这次工业革命的完成，从根本上改变了社会的产业结构和技术基础，大机器生产代替了手工业作坊生产，新的社会生产力的产生和突飞猛进的发展推动了一系列新工业的建立和发展，很快形成了规模大、分工细、协作广泛的工业生产方式。大机器工业的生产方式大大促进了标准化的发展，使它逐步成为工业生产必不可少的技术基础和必要条件。

（一）近代工业生产技术标准化

1798 年，美国人艾利·惠特尼在制造来复枪的过程中，运用了互换性原理。成批互换性的零部件大量用于组装步枪，满足了当时美国独立战争的需要。

1834 年，机器制造业的发展，使英国人惠特沃思提出了第一个螺纹牙型标准，这个标准后来在 1904 年以 BS84 正式作为英国标准颁布。

1897 年，英国钢铁商人斯开尔顿在《泰晤士报》上，建议钢梁的生产规格和图纸应系列化、标准化，以便于设计、生产和使用，由此第一个全国性的标准化机构——英国工程标准委员会于 1901 年成立(1931 年改名为英国标准学会 BSI)。

之后，德、法、美、苏、中等国先后建立了标准化机构，开展了国家标准化活动，使标准化很快从冶金、机电行业扩展到各行各业。

1898 年，美国成立了材料与试验协会(ASTM)，开展了材料、燃料等方面的材料行业标准化活动。

1902 年，英国纽瓦尔公司为了满足生产大量具有互换性特点的零件的需要，制订编印了公差和配合方面的纽瓦尔公司标准——"权限表"，这也是最早出现的公差制，这个标准后来演变为英国标准 BS27。

早在 1875 年 5 月 20 日，巴黎成立了国际计量局，研究统一国际计量单位，建立和保存国际计量单位原器，作为各成员单位计量标准的基准，开始了计量领域的国际标准化。

1886 年 9 月，德国召开了制定材料标准的国际会议。

1906 年，在各国电器工业迅速发展的基础上，世界最早的国际标准化团体国际电工委员会(IEC)成立，以协调各国电工电器产品的生产。

(二)近代企业生产组织管理标准化

企业的产生加快发展和竞争，一些企业主和标准化人士把技术标准化扩展到企业生产管理标准化上。

1911 年，美国人泰勒发表了《科学管理原理》，他在该书中把标准化的方法应用于制定"标准时间"和"作业研究"，开创了科学管理的新时代，创立了工业工程(IE)，同时也是通过近代工业标准化管理途径提高生产率的一次成功实践。泰勒也因此被称为"科学管理之父""IE 之父"。

1914 年—1920 年，美国企业家福特打破了按机群方式组织车间的传统做法，创造了制造"T"形汽车的连续生产流水线，实际上就是采用了在标准化基础上的流水作业方法，把生产过程的时间和空间组织统一起来，促进了大规模成批生产和标准化的发展。由于其经济效益显著,这种先进的生产组织形式很快推广到其他部门,并传遍世界。

1927 年,美国总统胡佛批准的一个标准化调查委员会报告中指出:"标准化对工业化有极端重要性。"后来在美国商务部的发动和组织下,美国开展了一场全国性的以简化为主的工业生产标准化运动,取得了很大的经济效益,也进一步使人们认识到标准化的巨大作用。

此后,荷兰(1916 年)、菲律宾(1916 年)、德国(1917 年)、美国(1918 年)、瑞士(1918 年)、法国(1918 年)、瑞典(1919 年)、比利时(1919 年)、奥地利(1920 年)、日本(1921 年)等国纷纷开展标准化活动,到 1932 年已有 25 个国家相继成立了国家标准化组织。在这基础上,1926 年国际上成立了国家标准化协会国际联合会(ISA),标准化活动由企业行为步入国家管理,进而成为全球的事业,活动范围从机电行业扩展到各行各业,标准化由生产的各个环节,各个分散的组织发展到各个工业部门,扩散到全球经济的各个领域,由保障互换性的手段,发展成为保障合理配置资源、降低贸易壁垒和提高生产力的重要手段。1947 年国际标准化组织正式成立。现在,世界上已有 100 多个国家成立了自己国家的标准化组织。

三、现代标准化

20 世纪 60 年代,随着新技术革命的深入发展和电子计算机的普及应用,社会生产力发生了一系列的飞越,为人类社会生产和生活带来了一系列的重大变革,标准化进入现代标准化阶段。不仅工业标准化要适应产品多样化、中间(半成品)简单化、零部件标准化的辩证关系,而且随着生产全球化和虚拟化的发展,组合化和接口标准化成为标准化发展的关键环节,管理标准化迅速发展,标准化动态特性的显著表现、标准体系和标准化系统的系统性、经济效益预测问题日益突出等,都向传统的近代标准化提出了挑战。

20 世纪 90 年代,电子、生物工程、航天、超导材料等高技术日益产业化,信息、服务等软技术加速发展,成为"第四产业",计算机逐步进入社会、家庭和生活,机器人数量不断增长,并向智能型方向发展,使世界进入一个"软时代"。多种技术日趋融合,军事技术和民用技术互相结合等都给现代标准化提出了新的课题和任务。

在工业现代化中,由于生产过程高度现代化、专业化、综合化,一项产品的生产或一项工程的施工,往往涉及多个行业、多个企业和多种科学技术,如美国的"曼哈顿计划""阿波罗工程"、中国的"人造卫星"等等。它们的联系渠道遍及全国,甚至世界。国际贸易的蓬勃发展,又为国际上实现资源优化配置提供了有利条件,这就是现代产品或工程的标准化系统。

现代标准化需要运用方法论、系统论、控制论、信息论和行为科学理论,以标准化参数最优化为目的,以系统最优化为方法,运用数字方法和电子计算技术等手段,建立与全球经济一体化、技术现代化相适应的标准化体系。目前,要遵循世界贸易组织贸易技术壁垒协定的要求,加强诸如国家安全、防止欺诈行为、保护人身健康或安全、保护动植物生命健康、保护环境等方面以及能源利用、信息技术、生物工程、包装运输、企业管理等方面的标准化,为全球经济可持续发展提供标准化支持。

四、标准化相关概念

在漫长而丰富的标准化实践活动中,标准化工作者经过不断地总结、提炼、补充、修改和完善,制定出标准化的基本概念,并被广泛应用。同时,标准化术语又是标准化学科的理论基础,弄清这些术语及其定义,对学习标准化的内容,有效开展各类标准化活动,都有重要意义。

(一)标准

GB/T 20000.1—2014《标准化工作指南　第 1 部分:标准化和相关活动的通用术语》中对标准的定义是:通过标准化活动,按照规定的程序经协商一致制定,为各种活动或其结果提供规则、指南或特性,供共同使用和重复使用的文件。

注 1:标准宜以科学、技术的综合成果为基础。

注 2:规定的程序指制定标准的机构颁布的标准制定程序。

注 3:诸如国际标准、区域标准、国家标准等,由于它们可以公开获得以及必要时通过修正或修订保持与最新技术水平同步,因此它们被视为构成了公认的技术规则。其他层次上通过的标准,诸如专业协(学)会标准、企业标准等,在地域上可影响几个国家。

(二)标准化

GB/T 20000.1—2014《标准化工作指南　第 1 部分:标准化和相关活动的通用术语》中对标准化的定义是:为了在既定范围内获得最佳秩序,促进共同效益,对现实问题或潜在问题确立共同使用和重复使用的条款以及编制、发布和应用文件的活动。

注1：标准化活动确立的条款，可形成标准化文件，包括标准和其他标准化文件。

注2：标准化的主要效益在于为了产品、过程或服务的预期目的改进它们的适用性，促进贸易、交流以及技术合作。

标准化的目的是获得最佳秩序，为了改进活动过程和产品的适用性，提高活动过程质量、过程产品质量，同时达到便于交流和协作的目的，尤其可消除国际贸易中的技术壁垒。

定义中的既定范围包括标准化所涉及的地理、政治或经济区域范围，标准化所涉及的领域、对象或主题范围以及标准化所涉及的寿命范围。标准化的对象是现实问题或潜在问题。共同使用和重复使用是对象的特征。标准化的核心任务是编制、发布和实施标准。

（三）标准体系

标准体系是一定范围内的标准按其内在联系形成的科学的有机整体，也可以说标准体系是一种由标准组成的系统。

标准体系是标准化工程的基本要素，具有管理工程的所有基本特性，如目的性、协调性、相关性、层次性以及成套性等。而把标准体系内的标准按一定规则和形式排列的图表，就是标准体系表，它是标准体系的表述形式。标准体系表由标准体系结构图、标准明细图、汇总表及必要的文字说明构成。

第三节　城市导向标准发展

一、城市导向标准发展历程

（一）导向雏形

在远古绘画中出现了导线雏形，岩画（见图1-5）是一种世界性的原始艺术，在人类的语言和文字尚未形成之前，人们在岩石上刻凿，在沙子上划出印痕，以此来进行简单的交流和沟通。至于岩画的目的，在考古看来有多种解释，比如记录狩猎情形、崇拜神灵巫术、祈祷物质生活的丰产等；但是从符号学的角度来看，岩画是一种符号，是当时人们为了满足相互沟通交流的需要而产生的。

图 1-5　古代岩画符号

由于当时人们的生存能力低下，经常遭受自然界和其他生物的袭击，所以，狼这种动物对原始人来说是十分危险的。原始人通过岩画来记载和相互告知："这里附近有狼出没，这里危险！"其实这里的岩画是一种"危险"的导向符号。因此，岩画并不是原始人在闲情逸致的时候产生的艺术，而是由于本能生存的需要，产生的一种极具目的性的交流方式。在原始人还不具备掌握语言的情况下，绘画，这种形象的符号化传递信息的方式，便成为导向符号的雏形。

人类远古的文字是从带有特定指向功能，用来交流思想的图形符号开始的。这些文字中具象和抽象的符号方法，为日后导向符号的视觉表现提供了依据。

楔形文字，是公元前两千多年生活在两河流域的人们用楔形的木片刻在陶土上，由此形成的最早的文字之一。这是人们利用抽象符号记录时间和思想的开端。楔形文字为以后人们设计的导向符号提供了线索。

古埃及圣符，尼罗河沿岸发展起来的古埃及人发明的以图形为核心的象形文字，也叫"圣符"。在中期王朝时期有 732 种圣符，这些圣符的设计非常单纯，容易理解，他们用单一的颜色、浮世绘般的线条来描绘人和动物的侧面轮廓。圣符为日后人们设计具象的导向符号提供了线索。

中国甲骨文(见图 1-6),是刻在牛的肩胛和龟壳上的象形文字,是中国原始祖先用来传递信息和交流思想的图形符号,很难说是字还是画。早在新石器时代就有一些类似文字的图形,而汉字是迄今为止依然在使用的象形文字。此外,甲骨文的文字可以相加,得到具有新意义的文字。甲骨文为导向符号的研究提供了宝贵的财富。

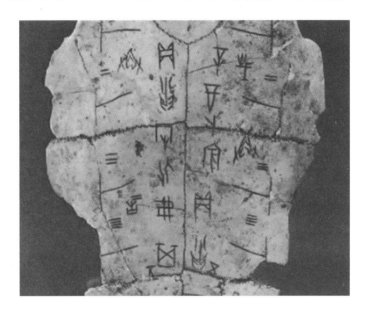

图 1-6 中国甲骨文

(二)城市导向标准的产生

城市导向是随着城市的形成而产生的,而具有现代科学意义的城市导向是 1920 年开始出现的比较科学和准确的视觉传达体系,并且在少数发达国家中被运用到公众服务项目中去。

20 世纪 20 年代的现代主义平面设计运动,开始关注"如何提高平面设计上的视觉传达功能"。奥地利设计师奥托・纽拉斯提出了"为社会大众创造图形方式的平面设计系统"的重要性,特别在公共建筑、健康卫生和其他有关经济发展的具体方面。他经常使用象征性的图形来向大众解释复杂的经济问题;创造了无需文字的"世界视觉语言",被称为"依索体系运动",即图形传达系统。依索体系运动为日后图形符号广泛运用在公共场所、交通运输、电讯等社会各方面,奠定了至关重要的基础,也为导向标识设计真正意义上的诞生做了关键性的贡献。

1933 年,英国设计家亨利・贝克开始负责伦敦地铁交通地图设计。在该设计中,亨利·贝克进一步突破了距离和空间位置的局限。事实上,地铁线路交错,换乘车站星罗棋布,要在二维的平面上表现出来,可说是一道数学难题。他通过反复推敲,利用鲜明色彩标明地下铁线路,并用简单的无装饰线体字体——"地铁体"标明站名,用圆圈标明线路交叉地点。在这张图中,最复杂的线路交错部分放在图的中心,完全不管具体的线路长短比例,只重视线路的走向、交叉和线路的不同区分,使乘客一目了然。同时,他的设计工作实现了视觉传达的目标,不同线路以色彩区分,颜色搭配和谐,极端简洁,又非常实用。一切工作以易懂、更美观为原则,方向、线路、车站点具有非常强的视觉传达功能性。鲜明的线路色彩是最醒目的部分,清清楚楚标明了各个不同的列车线路,任何人无需花多少时间就可以知道自己的位置和应该搭乘的线路、方向、上下车站、换乘车站,具有现代科学意义的城市导向设计由此诞生。

相较于国外来说,我国的导向系统近些年来才逐步发展。1983年,我国国家标准GB 3818—1983《公共信息图形符号》颁布实施,标准中规定了15个用于公共场所的图形符号,这个仅仅规定了十几个符号的国家标准开创了我国城市导向系统的先河。继GB 3818之后,我国标识、图形符号、城市公共导向系统开始蓬勃发展。

90年代初,我国大量的理论观点仍把"导向"的概念与"标志"的概念等同理解,受到CIS理论的影响后,也只把"导向"的概念上升到一个"指示标志"的高度。在90年代末,我国提出了公共标识的概念,导向标识越来越多地被使用,在很多空间结构中实现了其基本功能价值——导向识别作用,同时,越来越多的标识标准被制定,如GB/T 10001.1—2000《标志用公共信息图形符号 第1部分:通用符号》,GB/T 10001.2—2002《标志用公共信息图形符号 第2部分:旅游设施与服务符号》。可以说,二十世纪末,我国已经形成了具体图形符号以及图形标志设计、测试、设置的国家标准体系。这时设计界才开始意识到这是一类不同于"标志"的图形符号。直到新世纪来临,"导向设计"这个词汇才正式诞生了,虽然只是词汇的变更,但说明我们对它的认识进入了一个新的阶段。

(三)城市导向标准的发展

很多发达国家在20世纪80年代,就对导向设计给予高度的重视。

美国是世界上最早大规模进行导向设计的国家。二战后,美国政府委托美国平面设计学院,完成了庞大的交通导向设计系统,共有34种不同的标志符号视觉识别系统给全世界带来了巨大的影响,各个国家开始采纳这个导向体系,世界交通导向符号趋向统一。

20 世纪 80 年代末的日本开始大量出版一些专业书籍,并提出要通过专门理论来研究导向符号。此期间,"导向符号"一词被应用,它是指"具有特定指向功能的图形符号",并创造了新的词汇"Pictogram",有"图形表示的"(Pictorial)和"图表"(Diagram)的含义。日本在 1963 年建成了新干线和高速公路,并在全国全面参照了联合国的有关提案,统一制定了全国通用标准公共标志体系。这些新的全国通用标准的公共标志,使 1964 年的亚洲第一届奥运会——东京奥运会取得了巨大的成功。

在这以后,导向设计的国际化趋势日益显著,各国的设计家、艺术家联合起来,对公共导向符号进行整合设计。日内瓦标准协会(ISO)的成立,使全世界范围内有了统一的导向符号。

从标准角度看,国际上英国、美国、欧洲、日本等国都制定发布了相关导向标识的标准,如表 1-1 所示。

表 1-1　国外标准清单(部分)

国家	标准编号	标准名称
国际	ISO 17398—2004	安全色和安全标志　安全标志的分类、性能和耐用性
	ISO 16069—2004	图形符号　安全标志　安全通道指导体系
	IEC 60757—1983	颜色标志的代号
	ISO 3864—4—2011	图形符号　安全色和安全标志　第 4 部分:安全标志材料的色度和光度性能
	ISO 7010—2011	图形符号　安全色和安全标志　工作场所和公共场所用安全标志
英国	BS EN 12966—2—2005	道路垂直标志　可变信息交通标志　初始型式验证
	BS EN 61310—2—2008	机械安全、指示、标志和活动　第 2 部分:标志要求
	BS ISO 3864—4—2011	图形符号　安全色和安全标志　第 4 部分:安全标志材料的色度和光度性能
	BS ISO 3864—1—2011	图形符号　安全色和安全标志　第 1 部分:安全标志和安全标记的设计原则
	BS 5499—4—2013	消防安全标志　包括防火灾安全符号　逃离路线标记的实施规程
	BS 8569—2014	沿海滑道安全标志　选择和使用的指南
	BS 5499—10—2014	安全标志和防火安全通知的选用指南
	BS EN 12966—2014	道路垂直标志　可变信息交通标志　产品标准

国家	标准编号	标准名称
美国	ASTM E2030—2009a	光致发光(磷光性)安全标志推荐使用指南
	ASTM E2540—2008	用手持式逆反射测量仪在0.5度的观测角度测量反光标志的试验方法
	ASTM E1709—2009	用便携式后向反射仪以0.2度的观察角度测量反光标志的试验方法
	ASTM E2073—2010	光致发光(发出磷光)标志视觉亮度的试验方法
	ASTM D4796—2010	热塑性交通标志材料黏合强度的试验方法
	ASTM E2177—2011	测量标准潮湿条件下道路标志反光亮度系数的试验方法
	ASTM D4797—2012a	对白色和黄色热塑性道路交通标志进行化学及重量分析的试验方法
欧洲	EN 12966-2014	道路垂直标志　可变信息交通标志　初始型式验证
	CEN/TS 16157—4—2014	智能运输系统　交通管理和信息用DATEX Ⅱ数据交换规范　第4部分:可变消息标志(VMS)发布
日本	JIS Z9107—2008	安全色和安全标志　安全标志的分类、性能和耐用性
	JIS E3031—1999	铁路信号继电器的色别及种类标志通则
	JIS C0445—1999	包括关于文字数字一般标志规则的设备端子和特指导线终端的识别方法

从立法角度来看,以美国为例,美国为标识系统而设立的或者与标识系统相关的法案是非常多的,其中就有国家公园标准(NPS)设施规范、美国残疾人保障法(ADA)标识系统手册等。国家公园标准设施对公园标识设置做出了详尽的规范;1990年修改颁布的美国残疾人保障法,其标识系统手册就包括布莱叶盲文交通指示系统等多样规则。

我国相比德国、日本这些国家,晚了整整二十年的时间。当然,中国目前的设计正处在与国际接轨的过程中,导向设计的国际化也是其中的一部分内容。2006年5月9日,在中国标准化研究院召开了"2006城市导向与图形符号"国际研讨会,研讨会由国家标准化管理委员会和英国标准协会主办,中国标准化研究院和全国图形符号标准化技术委员会承办。本次研讨会是国内首次以城市导向与图形符号为主题的高水平国际研讨会,北京市科学技术委员会相关领导就城市导向发展政策做了专题报告,并邀请国际标准化组织ISO/TC 145图形符号技术委员会和ISO/TC 145、SAC/TC 59导向标识行业专家进行了主题演讲。会议提出以北京奥运会为契机,推进我国城市导向与图形符号标准化应用。国际标准化组织专家对首都国际机场的某些公共标志提出了修改意见,并实地考察了北京市六里桥客运主枢纽等工程的城市导向标志标准化体系。会议对我国城市全面实施城市导向与图形符号国际标准化战略产生积极、深远的影响。

2006 年,中国标准化研究院白殿一提出了建立城市公共信息导向系统的理念,这个新型理念将我国城市导向系统的建设推向了新高潮。其基本思想:城市公共信息导向系统是引导人们在某个城市内的任何公共场所进行活动的信息系统。该系统将一个城市看作一个整体,系统的设置应达到这样一种效果:人们从进入城市,到在这个城市进行活动,直到离开城市都感到方便和自由。为了达到上述构想的目的和效果,城市公共信息导向系统标准应由相互联系的子系统构成,每个子系统由具有各自功能的导向要素构成,而导向要素又是由具体的各种元素构成。城市导向体系,应由基础标准、导向元素标准、导向系统的设计和设置标准等四部分构成。

2006 年 12 月,国际标准化组织(ISO)完成了"城市导向"工作组的组建,白殿一成为该工作组的召集人。同时,由中国标准化研究院提出的两项城市公共信息导向系统国际标准提案也在 ISO 正式立项。这是我国实质参与国际标准化工作的又一个重大成绩。在 ISO 立项的两项国际标准分别是《城市公共信息导向系统　第 1 部分:平面示意图》和《城市公共信息导向系统　第 2 部分:街区导向图》。

二、城市导向标准应用意义

(一)城市导向标准应用现状

在城市化飞速发展的进程中,城市导向标准化建设尚不能适应城市化发展的水平。目前我国城市导向系统仍然存在着规划不统一、重要公共标识缺失、标识设置不合理等问题。

1.缺乏统一规划

对整个城市的导向系统没有一个统一协调的规划,导致出现在需要时临时决定标牌的位置、材质、大小等等的情况。再加上不同的公司进行设计,一些单位设置标识时随意性很大,有的设计人员没有受过专业培训,只从自己的创意出发,从风格上不能统一把握,也导致整个城市导向系统处于一种混乱分割的局面。各部门之间不能达到协调统一,会造成资源的浪费,影响导向系统的理解性和导向效果。

2.重要公共标识缺失

这是一个比较普遍的问题,主要体现在应按国家标准设置的标识而未进行设置。比如一条繁忙道路的人行横道,从这里横过马路的行人很多,但却没有一个提醒车辆注意行人的黄色标志牌，很多车辆从这里经过时也不减速，容易造成事故。

3.标识设置不合理

设置不合理主要表现在标识牌的位置、大小、造型、设置、布局等。有些标识牌被大型物体或者建筑、树木等遮挡；很多地方只注意设置提示标识，而忽略了导向标识的设置等等。

4.标志标识不规范及错误使用

标志标识的设计应符合国家标准要求，由于颜色、字体、尺寸等因素不符合标准要求，导致意义相反的情况经常发生。比如红色表示禁止，蓝色表示指令，黄色代表警告，绿色代表提示和导向，然而在许多地方的一些公共标识中，颜色却常遭到乱用。

5.英文标识缺乏或不规范

随着全球化进程不断深入和我国对外开放交流的不断扩大，中英文双语标识显得非常必要，但在一些场所的公共标识牌大部分缺少英文标志或设置的英文标识不规范。

(二)城市导向标准应用意义

完善的城市导向系统应利用导向要素的组合，将各要素有机地联系起来，使得人们从进入城市时就能在机场、车站、码头自由行动，然后依靠导向系统的指引顺利地换接市内公共交通工具和实现这些交通工具之间的换乘，最后，通过位置标识的指引到达要寻找的目的地，并且能在作为目的地的公共服务或娱乐设施内依靠导向系统的指引自由行动，从而达到最终目的。

导向系统是一个实用的系统，美观和艺术要服务于它的导向功能，不能脱离导向系统功能的实现而突出艺术和个性。标准化的目的就是要保证导向系统功能的实现，保证处于公共场所的人们能够顺利、快速地到达目的地。标准化的作用，就是要将某些规则和要求固定下来。导向系统的设计和实施者遵循标准中规定的要求，就能保证建成的导向系统能较好地实现其导向功能，满足人们的需要。

1.导向要素中各元素的标准化

首先是图形符号的标准化。通过规范符号视觉设计原则、符号构型原则、图形符号测试程序以及具体图形符号，达到保证理解性和清晰性的目标。其次是图形标志的标准化。通过规范图形标志设计原则、具体图形标志，达到醒目、清晰和理解性的目标。最后是文字或文字标志的标准化。通过对使用双语的标志类型或场合进行规范，达到设置恰当性的目的；通过对文字标志的视觉设计原则进行规范，达到清晰性的目标。

2.导向要素标准化

通过规范导向要素构成、导向要素的构成元素、导向要素的设计原则,如对图形标志与图形标志之间的位置关系,图形标志与文字标志之间的位置关系,箭头的形状、大小、位置以及不同方向箭头的含义等进行规范,达到保证清晰性、醒目性的目标。

3.导向系统设置标准化

通过规范设置原则,导向要素的大小、设置场所、设置高度、设置密度,如不同子系统内部所需要的不同导向功能系统的标准化、设置内容、设置地点指南等,达到醒目性、恰当性的目的。

我们相信,在城市公共信息导向标准体系的逐步完善和各级政府的推动下,我国的大中城市将建起规范、美观、完善,既体现中国特色,又与国际做法相接轨的城市公共信息导向系统。该系统的建立,将以实际行动实现以人为本的发展理念,必将促进我国建立国际化大都市的进程。

第二章

城市导向标准应用

高品质的公共管理与公共服务是高品质城市生活的重要保障,城市导向系统就是公共责任、公共权利、公共道德和公共文化的综合体现,而城市导向标准是保障系统规范、完善、统一的技术支撑,是政府实施公共管理和提供公共服务的有机结合。我国当前已经有一系列的涉及城市导向系统的国家标准、行业标准、地方标准发布实施,编写组对该系列标准进行收集、整理、归纳,把城市导向标准分为基础标准、要素标准、设计标准、设置标准、应急标准、评价标准(见图2-1)。

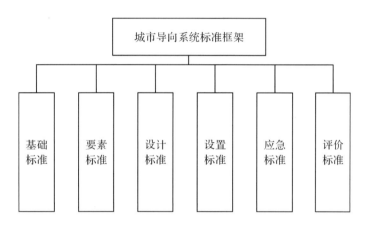

图 2-1　城市导向系统标准框架

第一节　基础标准

基础标准是标准体系的"四梁八柱",在一定范围内可以直接应用,也可以作为其他标准的依据和基础,是该领域中所有标准的共同基础,因此在导向标志系统中具有普遍的指导意义。

导向系统基础标准主要分为两块:术语及设计原则(见图2-2)。

一、术语

术语是通过语音或文字来表达或限定科学概念

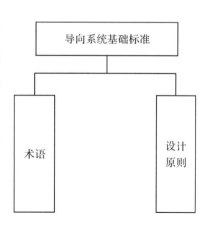

图 2-2　导向系统基础标准框架

的约定性语言符号,是思想和认识交流的工具。国家标准 GB/T 15565《图形符号 术语》将术语分为了两部分,第一部分介绍了基础标准中图形符号的通用术语,第二部分介绍了标志及导向系统的基本术语。

(一)图形符号的通用术语

图形符号的通用术语主要包括符号和图形符号设计两大块。

1. 符号

对于符号,我们首先从理解字符开始,从而引出符号的概念。字符表示单一的字母、数字、标点符号或其他特定符号。字符集为不同图形字符的有限集合。符号则表达一定事物或概念,具有简化特征的视觉形象。

符号又可分为文字符号、图形符号两种类型。文字符号是由字母、数字、汉字或其组合形成的符号。图形符号则是以图形为主要特征,信息传递不依赖于语言的符号。其中,图形符号又可以有以下分类方式:

(1)符号原图:按照图形符号表示规则在设计模板上绘制的用来作为基准或进行复制的图形符号设计图。

(2)注册的符号原图:已由有关标准化机构或组织将其作为既定样式登记的符号原图。

(3)通用符号:适用多个领域、专业或普遍使用的图形符号。

(4)专用符号:只适用某个领域、专业或专为某种需要而使用的图形符号。

(5)详细符号:表示对象的功能、类型和(或)外部特征等细节的图形符号。

(6)简化符号:省略部分符号细节的图形符号。

(7)一般符号(基本符号):表示一类事物或其特征,或作为符号族中各个图形符号组成基础的较简明的图形符号。

(8)特定符号:将限定要素或其他符号要素附加在一般符号之上形成的含义具体的图形符号。

(9)方框符号:用以表示元件、设备等的组合及其功能,既不给出元件、设备的细节,也不考虑所有的连接,形状为矩形的图形符号。

(10)符号集:对象或符号要素间具有相关性的一组图形符号。

(11)符号族:使用具有特定含义的图形特征表示共同概念的一组图形符号。

(12)技术产品文件用图形符号:用于技术产品文件,表示对象和(或)功能,或表明生产、检验和安装的特定指示的图形符号。

(13)设备用图形符号:用于各种设备,作为操作指示或显示其功能、工作状态的图形符号。

(14)标志用图形符号:用于图形标志,表示公共、安全、交通、包装储运等信息的图形符号。

2.图形符号设计

图形符号设计中包括的术语较多,主要介绍以下 21 种:

(1)基本网格:用于设计技术产品文件所用图形符号的坐标网格。

注:基本网格(见图 2-3)的格线间距为某一模数 M,可在格线间再做出 10 等分的辅助格线。如将基本网格用点阵图形代替则称为基本点阵。

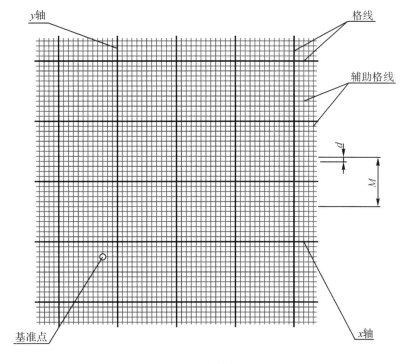

图 2-3　基本网格

(2)基本图形:用于设计设备用图形符号的通用图形。

注:基本图形由长为 12.5mm 的方格组成的边长 75mm 的正方形,以及叠加在其上的 7 种几何形状构成(见图 2-4)。

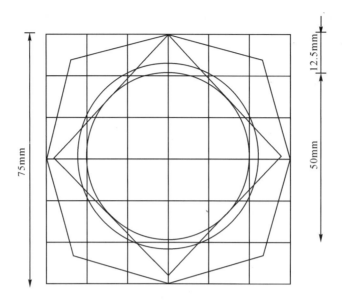

图 2-4　基本图形

（3）基本模型：用于设计标志用图形符号的通用图形。

注：基本模型包含 4 种几何形状（正方形、斜置正方形、圆形、正三角形），由边长 5mm 的网格构成（见图 2-5）。

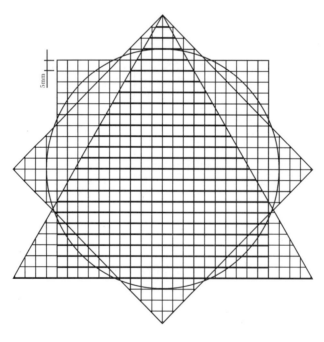

图 2-5　基本模型

(4)角标:位于基本图形最外沿四个拐角处的垂直相交线。

(5)公称尺寸:便于图形符号复制的参考尺寸。

(6)符号要素:具有特定含义的图形符号的组成部分。

(7)限定要素:附加于一般符号或其他图形符号之上,以提供某种确定或附加信息,不能单独使用的符号要素。

(8)否定:表示与肯定相反或否认具体事物存在的一种方法。

(9)否定要素:否定图形符号原含义的符号要素。

(10)符号细节:构成符号要素的可由视觉分辨的最小单元。

(11)关键细节(重要细节):对于图形符号的理解或图形符号的完整而言必不可少的符号细节。

(12)清晰度:字符之间或符号细节之间能够被相互区分的程度。

(13)视重:对图形符号显著程度或大小的视觉印象。

(14)对象:图形符号所要表示的概念或事物。

(15)图像内容:对图形符号中符号要素及其相对位置的描述。

(16)应用场所:图形符号的应用环境或范围。

(17)应用形式:承载和显示图形符号或标志的客体类型。

(18)被试:在进行方案测试时做出反应的人。

(19)易理解性:图形符号被理解为预定含义的可能程度。

(20)理解度测试:对方案的理解程度进行量化的测试程序。

(21)易理解性评价测试(评价测试):用于评价方案的易理解性的测试程序。

(二)标志及导向系统的基本术语

1.标志

标志,是由符号、文字、颜色和几何形状(或边框)等组合形成的传递特定信息的视觉形象。其可分为不同的类型,具体定义如下:

(1)图形标志:由标志用图形符号、颜色、几何形状(或边框)等组合形成的标志(见图 2-6)。

图 2-6 "禁止烟火"图形标志示例

（2）文字标志：由文字、颜色或边框等组合形成的矩形标志（见图 2-7）。

图 2-7 "人民医院"文字标志示例

（3）主标志：相对于辅助标志或补充标志，传递主要信息或起主要作用的图形标志（见图 2-8、图 2-9）。

图 2-8 主标志与辅助标志示例　　　　图 2-9 主标志与补充标志示例

（4）辅助标志：从属于主标志，用文字解释主标志所传递的信息的标志。

（5）补充标志：从属于主标志，传递附加信息的标志。

（6）单一标志：由一个图形标志或文字标志形成的表达唯一信息的标志。

（7）组合标志：在同一标志载体上由主标志与辅助标志或补充标志形成的共同表达某一信息的标志。

（8）集合标志：在同一标志载体上由两个或多个单一标志或组合标志形成的表达多个信息的标志。

（9）公共信息图形标志：传递公共场所、公共设施及服务功能等信息的图形标志。

（10）道路交通标志：传递道路交通信息的标志。

（11）安全标志：由安全符号与安全色、安全形状等组合形成，传递特定安全信息的标志。同时，根据安全色与安全形状的不同组合所形成的标志含义，安全标志可分为禁止标志、警告标志、指令标志、安全条件标志和消防设施标志等。

①禁止标志：禁止某种行为或动作的安全标志。

②警告标志：提醒注意周围环境、事物，避免潜在危险的安全标志（见图 2-10）。

图 2-10　警告标志示例

③指令标志：强制采取某种安全措施或做出某种动作的安全标志（见图 2-11）。

图 2-11　指令标志示例

④安全条件标志：提示安全行为或指示安全设备、安全设施以及疏散路线所在位置的安全标志（见图 2-12）。

图2-12 安全条件标志示例

⑤消防设施标志：指示消防设施所在位置或提示如何使用消防设施的安全标志（见图 2-13）。

图 2-13 消防设施标志示例

（12）安全标记：出于安全目的，使某个对象或地点变得醒目的标记，通常由安全色、对比色、发光材料、分隔开的点光源等形成（见图 2-14）。

图 2-14 安全标记示例

（13）区域信息标志：所提供的信息涉及某一范围的图形标志。

（14）局部信息标志：所提供的信息只涉及某具体地点、设备或部件的图形标志。

2.标志构成

标志的各构成元素的具体定义如下：

（1）边框：形成标志形状的，具有一定宽度的线条（见图 2-15）。

图 2-15　标志的衬边、边框衬底色示例

（2）衬边：标志的边框（外缘）周围与边框（外缘）颜色成对比色的，具有一定宽度的条带。

（3）衬底色：标志中衬托图形符号或文字的颜色。

（4）颜色代码：用于表示特定含义的一组颜色。

（5）安全色：被赋予安全含义而具有特殊属性的颜色。

（6）安全形状：被赋予安全含义的几何形状。

3. 标志应用

标志应用的各术语含义具体如下：

（1）醒目度：视野内的标志较其环境背景易于引起注意的程度。

（2）可见度：在一定的距离、光线和特定时间的一般天气条件下，标志被视觉感知的可能程度。

（3）觉察：视觉系统对出现在视野内的刺激做出反应的过程。

（4）观察距离：在观察者视野内，标志对于观察者而言是清晰且醒目的最大距离（见图 2-16）。

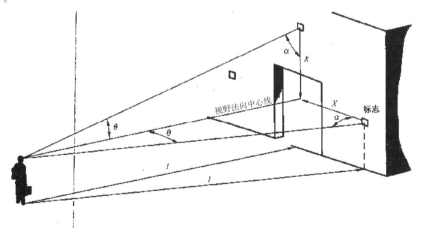

注：α 为观察角，l 为观察距离，x 为偏移，θ 为偏移角。

图 2-16　观察角、观察距离、偏移角、偏移距离示例

（5）分辨力：观察者区分图形细节的视觉能力。

（6）视敏度：观察者能够清楚地看到具有非常小角距的细微细节的能力。

（7）偏移：标志中心点到观察者视野法向中心线的垂直距离。

（8）偏移角：观察者注视标志中心点的视线与观察者视野法向中心线之间的夹角。

（9）观察角：标志所在平面与观察者视线所形成的夹角。

（10）视角：从观察者眼睛到被观看标志的最长轴两端的连线所形成的夹角（见图2-17）。

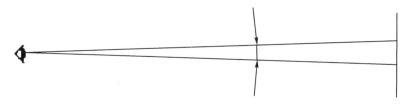

图2-17　视角示例

（11）标志高度：几何形状为圆形的标志的直径或几何形状为矩形（或三角形）的标志的高。

（12）距离因数（z）：观察距离（l）和标志高度（h）之比即 $z = l/h$。

（13）表观尺寸：不考虑图形符号或不同形状边框的实际尺寸而对标志大小的主观感觉。

（14）标志载体：承载和显示标志的材料。

（15）普通材料：不能逆反射光也不能发光的材料。

（16）组合材料：同时具有光致发光反射材料光学特性的材料。

4. 公共信息导向

公共信息导向系统是由导向要素构成的，引导人们在公共场所进行有序活动的标志系统。具体定义如下：

（1）导向要素：导向系统中具有特定功能的最小组成部分。在公共导向系统中，导向要素主要包括位置标志、导向标志、平面示意图、信息板、街区导向图、便携印制品等。

①位置标志：由图形标志和（或）文字标志组合形成，用于表明服务设施或服务功能所在位置的公共信息图形标志。

②导向标志：由图形标志和（或）文字标志与箭头符号组合形成，用于指示通往预期目的地路线的公共信息图形标志。

③平面示意图：显示特定区域或场所内服务功能或服务设施位置分布信息的平

面图。

④信息板:显示特定场所或范围内服务功能或服务设施位置索引信息的标志。

⑤街区导向图:提供街区内主要自然地理信息、公共设施位置分布信息和导向信息的简化地图。

⑥便携印刷品:便于使用者携带和随时查阅的导向资料。

(2)劝阻标志:限制人们的某种行为的公共信息图形标志(如"请保持安静"标志、"请勿乱扔废弃物"标志)。

(3)公共设施:在一定场所或范围内因公共需要所提供的为公众使用的建筑物、构筑物等有形物体及设备。

(4)交通设施:为公众出行提供服务的公共设施。

(5)服务设施:为公众提供某种服务的公共设施(如医院、商场)。

(6)服务功能:为公众提供服务设施的服务。

(7)图例:对图中所使用的符号、标志或特定含义的颜色的说明。

(8)观察者位置:在平面示意图或街区导向图中,用符号表示的观察者在图中所处的位置。

(9)节点:导向系统中导向路线与其他路径的交会处或行进方向的变更处。

(10)地名标志:标示地理实体专有名称的标志。

(11)导向线:设置在地面或墙面,指示行进路线方向的带有颜色的线形标记。

5.应急导向

应急导向系统是通过安全标志、安全标记等应急导向要素,指引人们在紧急情况下沿着指定疏散路线撤离危险区域的导向系统。具体定义如下:

(1)应急导向线:标示疏散路线或确定通过开阔区域的疏散路径的明显线形标记。

(2)紧急出口:疏散路线中通向安全地点的门或通道。

(3)终端出口:连接疏散路线和安全场所的最终紧急出口。

(4)疏散平面图:为设施使用者提供疏散路线和消防设施等信息的平面图。

(5)疏散路线:从建筑物内任意位置通往终端出口的安全路线。

(6)疏散路线标志:引导人们沿着疏散路线到达终端出口的导向标志。

(7)疏散距离:从建筑物内任意位置到达受到保护的疏散路线、外部疏散路线或终端出口的距离。

（8）应急照明：在正常照明发生故障时提供的照明。

（9）应急疏散照明：为疏散撤离或在撤离前试图终止潜在危险的人所提供的应急照明。

二、设计原则

国家标准 GB/T 16903.1—2008《标志用图形符号表示规则　第 1 部分：公共信息图形符号的设计原则》中详细地指出了公共信息图形符号的设计原则。

（一）一般要求

图形符号的设计要做到以下几点：醒目清晰；易于理解；易于与其预定含义产生联系；符号细节尽量少，仅包含有助于理解图形符号含义的符号细节；易与其他图形符号相互区别；尽可能将图形符号设计成对称的形式（见图 2-18）；基于易被公众识别的物体、行为动作或二者的组合进行设计，避免使用与流行式样有关的图形作为符号要素；将用于同一领域中的图形符号设计成相同的风格。

图 2-18　对称图形符号示例

不宜做到以下几点：将图形符号设计成抽象的形式，但可使用字母、数字或标点符号作为符号要素；图形符号的图形在任何方向上都过于细长；符号图形的长和宽之比大于 3:1。

在设计公共信息图形符号时，还应考虑到可能存在的否定形式，减少在添加否定要素后对图形符号易理解性的影响。

（二）模板的使用

公共信息图形符号应按模板进行设计。在设计时，图形符号中的符号要素不应超出模板中边长为 90mm 的虚线正方形区域；当图形符号中某一符号要素与边框内缘接近并平行时，则符号要素不宜超出模板中边长为 80mm 的虚线正方形区域。

(三)字符的使用

在设计公共信息图形符号时，字母、数字、标点符号、数学符号和其他字符宜仅用做符号要素。如果某些字母或标点符号已经获得广泛认可，则可单独用做符号要素，例如表示停车场的字母"P"和表示问讯的标点符号"?"。

(四)图形符号或符号要素的组合

如果新图形符号由两个或多个图形符号或符号要素组合形成，其含义不应与其各组成部分的含义相抵触(见图 2-19)。同时，在保证新图形符号的易理解性的前提下，用于组合的图形符号或符号要素的数量应尽可能少。

图 2-19　由图形符号组合形成的新公共信息图形符号的示例

此外，应尽量使用标准中规定的图形符号或符号要素组合形成新的公共信息图形符号。在使用标准中规定的图形符号或符号要素作为新图形符号的符号要素时，不宜修改该符号要素的标准图形(见图 2-20)。

图 2-20　使用标准图形作为符号要素的示例

(五)实心图形和轮廓线

在设计公共信息图形符号时首先应使用实心图形(见图2-21)。必要时可使用轮廓线,例如,表示叠加在一起的符号要素时可使用轮廓线(见图2-22)。

图 2-21 使用实心图形示例

图 2-22 使用轮廓线的示例

(六)线宽

在使用模板设计公共信息图形符号时,图形符号中的线宽不应小于2mm,并且为了使图形缩小后仍保持视觉上的清晰,符号线条之间的距离不应小于1.5mm。

(七)符号要素的尺寸

图形符号中最小符号要素的尺寸不应小于3.5mm×2.5mm。

(八)否定

一般来说,带有否定要素的公共信息图形符号与安全信息无关,应仅传递与舒适或方便有关的信息,例如请勿吸烟。否定通常有两种类型:

当需要全部否定原符号含义时,否定要素应是从左上到右下的一条直杠,为了确保不与安全标志相混淆,不应使用带有直杠的圆环形式表示否定。否定直杠应覆于图形符号之上。在使用模板设计带有否定直杠的公共信息图形符号时,否定直杠不应干扰图形符号的理解,否则应对图形符号进行适当修改(见图2-23)。

当通过仅否定公共信息图形符号中的一个符号要素来表示部分否定时,否定要素应为叉形(见图2-24)。形成否定叉形的两条直杠宜垂直相交。表示否定的叉形应覆于要否定的符号要素之上,当否定叉形干扰到图形符号的理解时,可适当调整否定叉形的相交角度。

图 2-23　否定直杠的使用示例　　　　图 2-24　否定叉形的使用示例

(九)颜色

图形符号的颜色宜为黑色,图形符号的背景色宜为白色,否定直杠或否定叉形的颜色宜为红色。当图形符号需要进行单色复制时,否定直杠或否定叉形的颜色宜为20%的黑色。

(十)方向特征

在设计公共信息图形符号时,宜尽量避免使符号带有方向性或隐含方向性。当公共信息图形符号带有方向性时,应确保该图形符号旋转到其他方向时仍能保持其含义。

第二节　要素标准

对于导向要素而言,图形标志、文字及色彩是它的基本成分。因此,只有先对导向要素中的各部分的标准进行确定,才能对导向标识进行规范。

导向系统要素标准包括图形符号、文字及色彩。图形符号又可细分为通用、旅游休闲、客运货运、运动健身、购物、医疗保健、无障碍设施、道路交通、环境卫生、印刷品、旅游饭店(见图 2-25)。

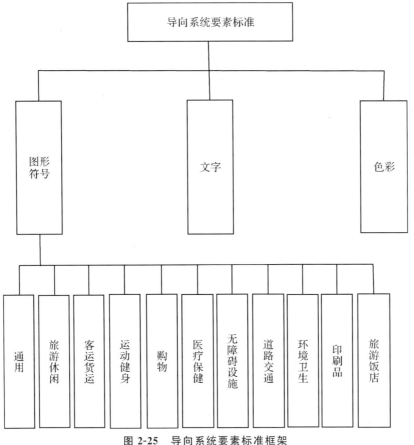

图 2-25　导向系统要素标准框架

一、图形符号

国家标准 GB/T 10001《标志用公共信息图形符号》系列标准、GB/T 5845《城市公共交通标志》及其他标准详细给出了各类型图形符号,经过归纳整理,我们把其分为 11 个部分,各部分将按照应用的领域划分成通用符号和具体领域的符号。同时各标准也为我们提供了各方面的应用准则。

(一)通用

国家标准 GB/T 10001.1—2012《公共信息图形符号　第 1 部分:通用符号》是我国最新关于图形符号通用准则的标准,它替代了 GB/T 10001.1—2006 及 GB/T 10001.10—2007,为我们提供了最为详细的规范。

1.图形符号

标准中的部分图形符号可如下表(见表 2-1)呈现,既有生活中常见的图形符号,也有相较而言比较陌生的。

表 2-1　通用图形符号

图形符号	小型图形符号	含义	说明
		方向 Direction	表示方向。 符号方向根据实际情况设置。 图形符号栏中的角标不是图形符号的组成部分,仅是设计导向标志时确定方向符号位置的依据。
		入口 Entrance	表示入口位置或指明进去的通道。 应用时,根据实际情况可将符号旋转90°或180°。
		出口 Exit	表示出口位置或指明出去的通道。 应用时,根据实际情况可将符号旋转90°或180°。
		出入口 Entrance and Exit	表示出入口位置或指明出入的通道。 应用时,根据实际情况可将符号旋转90°或180°。
		上楼楼梯 Stairs Up	表示仅允许上楼的楼梯或其位置。不表示自动扶梯。
		下楼楼梯 Stairs Down	表示仅允许下楼的楼梯或其位置。不表示自动扶梯、地下通道。

图形符号	小型图形符号	含义	说明
		请勿躺卧 No Lying	表示该处(如候车室座椅等)不允许躺卧。
		请勿翻越栏杆 Do Not Climb Over Railings	表示该处不允许翻越栏杆。
		请勿触摸 No Touching	表示该处不允许用手触摸。

2.应用原则

在应用图形符号时,我们应当注意如下几个原则:

(1)应用时,通用符号应当从 GB/T 10001.1 中进行选取。

在使用图形符号设计导向要素时,应符合 GB/T 20501 的要求,在用小型图形符号设计便携印刷品时,应符合 GB/T 20501.5 的要求。这些标准我们都将在下章设计标准中涉及。

(2)应根据实际场景的具体情况或与之组合使用的方向符号所指的方向,使用 GB/T 10001.1 中的图形符号或其镜像图形符号。

(3)只准许对 GB/T 10001.1 中的图形符号或小型图形符号进行等比例放大或缩小,可将图形符号栏中的正方形符号边线的四角改为圆角;当使用衬底色形成符号区域时,应使该区域与正方形符号边线重合,并删除正方形符号边线。

(4)GB/T 10001.1 中给出的含义仅为图形符号的广义概念。应用时可根据所要表达的具体对象给出相应名称,如:含义为"咖啡"的图形符号可给出"咖啡厅""咖啡馆""咖啡店"等具体名称,同时英文亦应根据具体的中文名称做出相应的调整。

掌握以上几个原则,我们在应用时便能如鱼得水。

(二)旅游休闲

国家标准 GB/T 10001.2—2006《标志用公共信息图形符号　第 2 部分:旅游休闲符号》适用于宾馆、饭店、旅游景点等公共场所,也适用于运输工具、服务设施,具体用于公共信息导向系统中的位置标志、导向标志、平面示意图、区域功能图、街区导向图等导向要素的设计,也适用于图形标志尺寸大于 10mm×10mm 的出版物及其他信息载体。

1.图形符号

同上,我们通过表格的形式来展示旅游休闲的部分图形符号(见表 2-2)。

表 2-2　旅游休闲图形符号

图形符号	含义	说明
	旅游服务 Travel Service	表示提供旅行接待与服务的部门或场所,如旅行社、导游服务处、旅游报名点等。
	团体接待 Group Reception	表示专门接待团队、会议来宾的场所或提供相应的服务,替代 GB/T 10001.2—2002(03)。
	无障碍客房 Accessible Room	表示可供残障人使用的无障碍客房,替代 GB/T 10001.2—2002(04)。
	订餐 Dining Reservation	表示供客人订餐的场所或提供订餐服务,替代 GB/T 10001.2—2002(06)。
	客房送餐 Room Service	表示可为客人提供客房送餐的服务,替代 GB/T 10001.2—2002(05)。

续　表

图形符号	含义	说明
	叫醒服务 Wake Up Call Service	表示可为客人提供叫醒服务。
	清洁服务 Cleaning Service	表示可为客人提供或应要求提供清洁房间的服务。
	洗衣 Laundry	表示可为客人提供洗衣的服务或场所,替代 GB/T 10001.2—2002(09)。
	熨衣 Ironing	表示可为客人提供熨衣的服务或场所,不表示洗衣,替代 GB/T 10001.2—2002(11)。
	淋浴 Shower	表示仅提供淋浴设施的服务或场所,不表示具有盆浴、浴池等设施的洗浴场所,如洗浴中心等,替代 GB/T 10001—2000(37)。

2. 应用原则

在应用旅游休闲图形符号时,我们应当注意如下几个原则:

(1)应用时,本部分应与第一部分通则配合使用。应用中,如还需使用其他符号,则应从总标准的其他部分中选取。

(2)图形符号的颜色应符合 GB/T 20501.1 的要求,该标准同样会在下章设计标准中涉及。

(3)GB/T 10001.2 图形符号栏中的正方形边线不是图形符号的组成部分,仅是制作图形标志的依据,应用时,应使用由该符号形成的图形标志。在使用本部分的图形符号设计导向要素时,应符合 GB/T 20501 的要求。

(4)GB/T 10001.2 中图形符号的含义仅为该图形符号的广义概念。应用时,可根据所要表达的具体对象给出相应名称，如含义为"洗衣"的图形符号，可给出"洗衣店"
"洗衣间"等具体名称。

（三）客运货运

国家标准 GB/T 10001.3—2011《标志用公共信息图形符号　第 3 部分：客运货运
符号》适用于飞机场、火车站、汽车站、港口等公共场所及相关设施，具体用于公共信息
导向系统中的位置标志、导向标志、平面示意图、信息板、街区导向图等导向要素的设
计。本部分也适用于出版物及其他信息载体中尺寸大于 10mm×10mm 的图形标志。

1. 图形符号

同上，我们通过表格的形式来展示客运货运方面的部分图形符号（见表 2-3）。

表 2-3　客运货运图形符号

图形符号	含义	说明
	飞机 Aircraft	表示民用飞机场或提供民用航空服务，采用 ISO 7001：1990(022)。
	直升机 Helicopter	表示直升机场（停机坪）或提供直升机服务，采用 ISO 7001：1990(003)。
	轮船 Boat	表示码头或提供水运服务，采用 ISO 7001：1990(024)。
	车渡 Ferry	表示车渡码头或提供车渡服务。

续　表

图形符号	含义	说明
	客渡 Passenger Ferry	表示客渡码头或提供客渡服务。
	车客渡;滚装船 Vehicle and Passenger Ferry	表示车客渡、滚装船码头或提供车客渡、滚装船运输服务。
	高速船 Speedboat	表示高速船码头或提供高速船运输服务。
	火车 Train	表示铁路车站或提供铁路运输服务。
	高速列车 High-Speed Train	表示高速铁路车站或提供高速旅客列车运输服务。
	地铁 Subway	表示地铁车站或提供地铁运输服务。

2.应用原则

在应用原则方面,客运货运基本同旅游休闲图形符号的运用原则一致,在这就不做重复阐述,但需注意一点:在实际应用中,应根据实际场景的情况或与之组合使用的箭头的方向,使用 GB/T 10001.3 中的符号或其镜像符号。

(四)运动健身

国家标准 GB/T 10001.4—2009《标志用公共信息图形符号　第 4 部分:运动健身

符号》适用于运动场馆、健身娱乐中心、宾馆饭店、公园景点等公共场所,部分图形符号见表2-4。

表 2-4　运动健身图形符号

图形符号	含义	说明
	跑步 Running	表示跑步娱乐、比赛或训练的运动。
	足球 Football	表示足球娱乐、比赛或训练的运动场所,替代 GB/T 10001.4—2003(08)。
	篮球 Basketball	表示篮球娱乐、比赛或训练的运动场所,替代 GB/T 10001.4—2003(06)。
	排球 Volleyball	表示排球娱乐、比赛或训练的运动场所,替代 GB/T 10001.4—|2003(07)。
	羽毛球 Badminton	表示羽毛球娱乐、比赛或训练的运动场所,替代 GB/T10001.4—2003(05)。
	网球 Tennis	表示网球娱乐、比赛或训练的运动场所。

图形符号	含义	说明
	壁球 Squash；Racket Ball	表示壁球娱乐、比赛或训练的运动场所。
	棒球；垒球 Baseball；Softball	表示棒球或垒球娱乐、比赛或训练的运动场所，替代 GB/T 10001.4—2003(09)。
	高尔夫球 Golf	表示高尔夫球娱乐、比赛或训练的运动场所。
	保龄球 Bowling	表示保龄球娱乐、比赛或训练的运动场所。

（五）购物

对于消费者而言，GB/T 10001.5—2006《标志用公共信息图形符号　第 5 部分：购物符号》便利了我们的购物生活，减少了购物时不必要的导向麻烦。顾名思义，该标准定义了购物符号，主要适用于超市、商场等公共场所，部分图形符号见表2-5。

表 2-5　购物图形符号

图形符号	含义	说明
	水产品 Aquatic Products	表示出售鱼、虾、蟹等水产品的场所。用于商场、购物中心、超市等购物场所及方向指示牌、平面布置图、信息板、出版物等。

续　表

图形符号	含义	说明
	猪 Pork	表示出售猪肉及其副产品的场所。 用于商场、购物中心、超市等购物场所及方向指示牌、平面布置图、信息板、出版物等。
	牛羊肉 Beef and Mutton	表示出售牛羊肉及其副产品的场所。 用于商场、购物中心、超市等购物场所及方向指示牌、平面布置图、信息板、出版物等。
	禽肉 Poultry Meat Products	表示出售禽肉及其副产品的场所。 用于商场、购物中心、超市等购物场所及方向指示牌、平面布置图、信息板、出版物等。
	蛋类 Eggs and Egg Products	表示出售鸡蛋、鸭蛋等蛋类食品的场所。 用于商场、购物中心、超市等购物场所及方向指示牌、平面布置图、信息板、出版物等。
	粮食 Cereals	表示出售米、面、杂粮的场所。 用于商场、购物中心、超市等购物场所及方向指示牌、平面布置图、信息板、出版物等。
	饼干 Biscuits	表示出售饼干的场所。 用于商场、购物中心、超市等购物场所及方向指示牌、平面布置图、信息板、出版物等。
	糕点 Pastries	表示出售糕点的场所。 用于商场、购物中心、超市等购物场所及方向指示牌、平面布置图、信息板、出版物等。

续　表

图形符号	含义	说明
	面包 Bread	表示出售面包的场所。 用于商场、购物中心、超市等购物场所及方向指示牌、平面布置图、信息板、出版物等。
	糖果 Candies	表示出售糖果的场所。 用于商场、购物中心、超市等购物场所及方向指示牌、平面布置图、信息板、出版物等。

(六)医疗保健

每走进一个大医院,很多人对看病流程以及医院的各个地点方位往往一头雾水,国家标准 GB/T 10001.6—2006《标志用公共信息图形符号　第 6 部分:医疗保健符号》便为解决该问题提供了帮助。在该标准中规定了不同类型的医疗保健符号,适用于医院、急救中心、卫生所、体检中心等医疗保健机构及相关场所,部分图形符号见表 2-6。

表 2-6　医疗保健符号

图形符号	含义	说明
	急诊 Emergency	表示病人急诊就医的场所。
	门诊 Out-patient	表示病人门诊就医的场所。
	病房 Ward	表示病人住院就医的场所。

续 表

图形符号	含义	说明
	药房 Pharmacy	表示病人购买或领取药品的场所,如药店、药房等。具体应用时,如需将中药、西药分开,本符号还可表示西药部、西药房等。
	中药房 Chinese Pharmacy	表示病人购买或领取中药的场所,如中药部、中药房等,不表示药店、药房、西药房等。
	内科 Interal Medicine Department	表示内科疾病就诊的场所。
	通用内科 General Interal Medicine Department	当某些专业内科没有相应的图形符号表示时,可使用本符号辅以相关文字,表示其他专业内科就诊的场所,如血液内科、内分泌科、免疫内科等。"通用内科"文字在使用中不出现。
	呼吸内科 Pulmonary Medicine Department	表示呼吸内科疾病就诊的场所。
	心血管内科 Cardiology and Vascular Department	表示心血管内科疾病就诊的场所。
	消化内科 Digestive Interal Medicine Department	表示消化内科疾病就诊的场所。

(七)无障碍设施

人文关怀也是一个城市导向系统的特色体现,国家标准 GB/T 10001.9—2008《标志用公共信息图形符号 第 9 部分:无障碍设施符号》适用于机场、车站、码头、商场、医院、银行、邮局、学校、公园、各类场馆等公共场所，也适用于运输工具和其他服务设施，为残疾人、老年人、伤病人及其他有特殊需求的人群提供了便利条件，部分图形符号见表 2-7。

表 2-7　无障碍设施符号

图形符号	含义	说明
	无障碍设施 Accessible Facility	表示供残疾人、老年人、伤病人及其他有特殊需求的人群使用的设施，如轮椅等，也表示轮椅使用者。 应根据实际情况使用本符号或其镜像符号。
	无障碍客房 Accessible Room	表示供残疾人使用的客房。 应根据实际情况使用本符号或其镜像符号。
	无障碍电梯 Accessible Elevator	表示供残疾人、老年人、伤病人等行动不便者乘坐的电梯。
	无障碍电话 Accessible Telephone	表示供轮椅使用者或儿童使用的电话。
	无障碍卫生间 Accessible Toilet	表示供残疾人、老年人、伤病人等行动不便者使用的卫生间。
	无障碍停车位 Accessible Parking Space	表示专供残疾人使用的停车位。
	无障碍坡道 Accessible Ramp	表示供残疾人、老年人、伤病人等行动不便者使用的坡道。 应根据实际情况使用本符号或其镜像符号。

续　表

图形符号	含义	说明
	无障碍通道 Accessible Passage	表示供残疾人、老年人、伤病人等行动不便者使用的水平通道。 应根据实际情况使用本符号或其镜像符号。
	行走障碍 Facility for Physically Handicapped	表示行走障碍者或供行走障碍者使用的设施。 应根据实际情况使用本符号或其镜像符号。
	听力障碍 Facility for Auditory Handicapped	表示听力障碍者或供听力障碍者使用的设施。

(八)道路交通

国家标准 GB 5768.1—2009《道路交通标志和标线　第 1 部分:总则》详细地规定了我国道路交通标志的原则、一般使用及具体的图形,为行人、驾驶员及相关工作人员提供了准绳,使道路交通秩序更为流畅。

1.原则

道路交通标志和标线应传递清晰、明确、简洁的信息,以引起道路使用者的注意,并使其具有足够的发现、认读和反应时间。不应传递与道路交通无关的信息,如广告信息等。

2.使用

首先,道路交通标志和标线应良好维护,以保持交通标志和标线的完整、清晰、有效。其次,当因道路临时交通组织或维护等原因导致标志与标线含义不一致时,应以标志传递的信息为主。当然,所有交通标志的成品或材料都应由国家认可的检测机构依据相关法律法规和标准规范检测合格后才可使用。

3.道路交通标志和标线的部分图形符号(见表 2-8)

表 2-8　道路交通标志和标线的具体图形

道路交通标志	警告标志		减速慢行
	禁令标志		禁止停车
	指令标志		快速公交专用车道
	指路标志		交叉路口告知标志
	旅游区标志		右转至古镇
	道路作业区标志		前方施工
	告示标志		严禁乱扔弃物

续　表

道路交通标线	指示标线		可跨越同向车行道分界线
	禁止标线		双黄实线禁止跨越 对向车行道分界线
	警告标线		接近障碍物标线

(九)环境卫生

我们将环境卫生图形符号细化为环境卫生公共图形标志、环境卫生应急图形标志。行业标准 CJJ/T 125—2008《环境卫生图形符号标准》对此进行了详细的说明。

1.环境卫生公共图形标志

环境卫生公共图形标志是指识别或指示环境卫生公共场所、公共设施使用的环境卫生图形标志。应达到的具体要求如下：

(1)环境卫生公共图形标志的长宽比应为 4∶3，应根据识读距离和设施大小确定相应尺寸，必须保持图形标志构成要素之间的比例。

(2)环境卫生公共图形标志应采用蓝色和白色为基本色。除样图中蓝色图形和边框、白色背景外，也可为白色图形和边框、蓝色背景。

(3)环境卫生公共图形标志的中文字体应为大黑简体，英文字体应为 Impact 体。文字颜色应与图形标志统一，以蓝色和白色为基本色。

(4)使用环境卫生公共图形标志时，可根据需要标示文字说明，不得在图形符号的边框内标示。

(5)图形标志必须保持清晰、完整。当发现形象损坏、颜色污染或有变化、褪色而不符合本标准有关规定时应及时修复或更换。

部分环境卫生公共图形符号(见表 2-9、表 2-10)所示。

表 2-9　公共卫生基本图形

名称	基本图形	说明
公共厕所		图形:男性正面全身剪影,女性正面全身剪影,中间竖线表示隔墙。 作用:表示供男性、女性使用的厕所。
男厕所		图形:男性正面全身剪影。 作用:表示专供男性使用的厕所。
女厕所		图形:女性正面全身剪影。 作用:表示专供女性使用的厕所。

表 2-10　环境卫生公共图形标志

名称	基本图形	说明
公共厕所	 公共厕所 Public toilet	图形:男性正面全身剪影,女性正面全身剪影,中间竖线表示隔墙。 本图形标志既可单独使用,也可与辅助图形符号组合构成其他图形标志。建筑物室内公共厕所亦称卫生间。 作用:表示供男性、女性使用的厕所。 设置:设于公共厕所。
公共厕所	 公共厕所 Public toilet	图形:男性正面全身剪影,女性正面全身剪影,残疾人侧面剪影。 作用:表示设置有残疾人厕位的公共厕所。 设置:设于公共厕所。
公共厕所	 公共厕所 Public toilet	图形:男性正面全身剪影,女性正面全身剪影,母亲和婴儿的侧面剪影。 作用:表示设置有母婴厕位的公共厕所。 设置:设于公共厕所。

续　表

名称	基本图形	说明
男厕所	男 Male	图形:男性正面全身剪影。 作用:表示专供男性使用的厕所。 设置:设于男厕所入口处。
女厕所	女 Female	图形:女性正面全身剪影。 作用:表示专供女性使用的厕所。 设置:设于女厕所入口处。
坐便器	坐便器 Toilet bowl	图形:坐便器侧面剪影。 作用:提示厕所的厕位中有坐便器。 设置:设于厕位门上。
蹲便器	蹲便器 Squatting pan	图形:蹲便器侧面剪影。 作用:提示厕所的厕位中有蹲便器。 设置:设于厕位门上。
老年人设施	老年人设施 Facility for old person	图形:拄拐杖者正面全身剪影。 作用:指示供老年人使用的设施。如老年人专用厕位、老年人健身设施,老年人活动中心等。 设置:设于老年人设施及场所。
洗手处	洗手处 Hand-washing	图形:水龙头和手掌。 作用:指示供人们洗手的设施,公共卫生设施中均可使用。 设置:设于洗手设施处。
踏板放水	踏板放水 Pedal-operated facility	图形:脚和踏板。 作用:指示脚踏放水设施,公共卫生设施中均可使用。 设置:设于踏板放水设施处。

2.环境卫生应急图形标志

环境卫生应急图形标志是指在重大突发事件中识别或指示环境卫生应急场所、设施设备的图形标志。它的具体要求如下：

(1)环境卫生应急图形标志应根据识读距离和设施大小确定相应尺寸，必须保持图形标志构成要素之间的比例。

(2)环境卫生应急图形标志矩形部分的长宽比应为 4：1，等腰三角形部分顶角应为 120°。

(3)环境卫生应急图形标志应采用红色和白色为基本色。

(4)环境卫生应急图形标志中文字体应为大黑简体，英文字体应为 Impact 体。文字颜色应与图形标志统一，以白色和红色为基本色。

部分图形标志见表 2-11。

表 2-11 环境卫生应急图形标志

名称	图形符号	说明
应急公共厕所	应急公共厕所 Emergency toilet	指示应急公共厕所的方向。
应急污水排放	应急污水排放 Emergency sewage vent	指示应急污水排放地点的方向。
应急垃圾存放	应急垃圾存放 Emergency waste stacking	指示应急垃圾集中存放地点的方向。
应急垃圾焚烧	应急垃圾焚烧 Emergency waste incineration	指示应急垃圾焚烧地点的方向。
应急垃圾填埋	应急垃圾填埋 Emergency waste landfill	指示应急垃圾填埋地点的方向。
不准投放垃圾	不准投放垃圾 No dumping	表示此处不允许投放垃圾。

(十)印刷品

国家标准 GB/T 17695—2006《印刷品公共信息图形标志》中规定了印刷品中使用的 3mm—10mm 的公共信息图形标志,使用范围广泛,可适用于旅游景点、宾馆饭店、体育场馆、商场、医院、公共交通等部门设计和制作的导向图、指南、介绍手册等导向用印刷品。

(十一)旅游饭店

我国行业标准 LB/T 001—1995《旅游饭店用公共信息图形符号》中规定了我国旅游饭店通常使用的公共信息图形符号,适用于我国不同档次的旅游饭店。部分图形符号见表 2-12。

表 2-12　旅游饭店标志

图形符号	名称	说明	使用方法
	商务中心 Business Center	表示可提供电传、传真打字、复印文秘、翻译等多项服务的场所。	应安放在商务中心门前明显位置;应在大堂放置的服务指南或饭店印刷的宣传资料上标明;可与方向标志组合使用,指示通往商务中心的方向。
	国内直拨电话 Domestic Direct Dial	表示可以与国内各地直接通话的电话。	应安放在有此功能的电话机附近明显位置;应在大堂放置的服务指南或饭店印制的宣传资料上标明;可与方向标志组合使用,指示通往 DDD 电话机的方向。
	国际直拨电话 International Direct Dial	表示可以与国外各地直接通话的电话。	应安放在有此功能的电话机附近明显位置;应在大堂放置的服务指南或饭店印制的宣传资料上标明;可与方向标志组合使用,指示通往 IDD 电话机的方向。

续　表

图形符号	名称	说明	使用方法
	客房送餐服务 Room Service	表示可以为住店客人提供送餐的服务。	应在饭店印制的服务指南等宣传资料上标明。
	残疾人客房 Room for the Handicapped	表示可供残疾人使用的客房。	应安放在店内残疾人客房门的显著位置；应在大堂放置的服务指南或饭店印制的宣传资料上标明；可与方向标志组合使用，指示通往残疾人客房的方向。
	迪斯科舞厅 Disco	表示可供跳迪斯科舞的娱乐场所。	应安放在迪斯科舞厅门的显著位置；应在大堂放置的服务指南或饭店印制的宣传资料上标明；可与方向标志组合使用，指示通往迪斯科舞厅的方向。
	麻将室 Mahjong Room	表示可以提供进行麻将娱乐服务的场所。	应安放在麻将室门的显著位置；应在大堂放置的服务指南或饭店印制的宣传资料上标明；可与方向标志组合使用，指示通往麻将室的方向。
	电子游戏中心 TV Games Center	表示可以提供电子游戏服务的场所。	应安放在电子游戏室门的显著位置；应在大堂放置的服务指南或饭店印制的宣传资料上标明；可与方向标志组合使用，指示通往电子游戏的场所。
	摄影冲印 Film Developing	表示可以提供摄像、照相及冲洗胶卷服务的场所。	应安放在摄影冲印室门的显著位置上；应在大堂放置的服务指南或饭店印制的宣传资料上标明；可与方向标志组合使用，指示通往摄影冲印室的方向。
	钓鱼 Angling	表示可以钓鱼的场所。	应安放在饭店钓鱼场所附近的显著位置；应在大堂放置的服务指南或饭店印制的宣传资料上标明；可与方向标志组合使用，指示通往钓鱼场所的方向。

二、文字

(一)总则

不同的导向标志上的文字有不同的要求,当然也会有通则。国家标准《公共信息导向系统　导向要素的设计原则与要求　第1部分:总则》的6.3条详细地指出了在导向标志中文字要素的总体要求:

1.一般要求

(1)导向要素中使用文字时,表述应简洁、明确。文字应首选中文,使用两种语言文字时,第二种文字宜使用英文。在少数民族自治地区可增加当地通用的民族文字。导向要素中同时使用的语言文字种类不宜多于三种。

(2)导向要素中同时使用两种或三种语言文字时,信息的含义应以中文为准。中文应在视觉上比其他语言文字醒目。

(3)使用文字时,中文应使用简体汉字。英文单词中除介词、连词外其他单词的首字母宜大写,也可所有字母均大写。

(4)文字的字体应容易识别,文字内容能在最大观察距离处被清晰分辨出来。中文字体宜使用黑体,英文字体宜选用无衬线字体(如 Arial 字体),字体的粗细宜为常规字体或半粗体。

(5)导向要素中需要使用数字表示序号或编号时,宜使用阿拉伯数字。

(6)文字在导向要素中宜横向排列。

(7)辅助文字可在原图形符号含义的基础上按照以下规则形成:①由泛指的含义形成特指名称。例如,图形符号的含义为"医院",辅助文字可为"XX 医院"。②由抽象含义形成具体名称。例如,图形符号的含义为"男",辅助文字可为"男卫生间"。③通过增加表示地点或场所的文字,由功能含义形成具体名称。例如,图形符号含义为"理发",辅助文字可为"理发店"。

2.文字的字高与间距

导向要素中使用文字时,中文字高不应小于 $0.3a$,英文等其他文字的字高不应小于 $0.23a$,文字的字间距或英文单词间距宜小于文字行间距。当中文和英文一起使用表达同一含义时,中文字高应大于英文字高,中文和英文的行间距不应大于英文字高(见图 2-26)。

注:英文字高由首个大写英文字母的高度确定。

图 2-26 辅助文字横向排列且位于图形符号右侧的示例

文字排列也有不同的方式:当导向要素中的辅助文字横向排列并位于图形符号一侧时,文字为单行,字高不应大于0.6a;为两行,总行高(含行间距)不应大于0.8a,当两行文字分别为中文和英文时,中文字高宜为0.46a,英文字高宜为0.23a;为三行,首行文字顶端到末行文字底端(当末行文字为英文时,即使在英文单词中不包含下伸字母也按包含下伸字母计算)的距离不应大于1.03a。

当导向要素中的辅助文字横向排列且位于图形符号下方时,文字的长度不宜大于图形符号尺寸(见图 2-27)。

图 2-27 辅助文字横向排列且位于图形符号下方的示例

当导向要素中的辅助文字纵向排列时,文字的宽度宜遵守导向要素中的辅助文字横向排列并位于图形符号一侧时文字高度的相应要求(见图 2-28)。

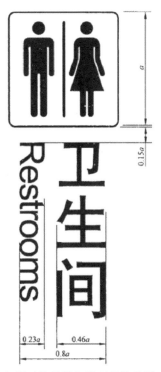

图 2-28　辅助文字与图形符号纵向排列且位于图形符号下方的示例

（二）分则

1.平面示意图中的文字要求

平面示意图上的文字说明是必不可少的，其需注意的点如下：

（1）文字的字体应为黑体。

（2）同时使用中、英两种文字时，中文应比英文醒目。中文应使用规范汉字，英文单词的开头字母应大写。在少数民族自治区域内可增设当地通用的民族文字。

（3）文字中的编号或序号宜使用阿拉伯数字、大写拉丁字母或阿拉伯数字与大写拉丁字母的组合形式表示。

（4）文字应从左至右横向排列，也可从上至下纵向排列；当同时使用中、英文时，中文应位于英文的上方或前面。

（5）文字的行高不应小于 5mm，文字不宜超过两行。单独标注的文字的行高（如果是双行则含行间距）最大值不应大于平面图中较大的图形标志尺寸。

2.街区导向图中的文字要求

街区导向图中文字的设计同样应符合总则中的要求,文字颜色宜为黑色,且应横向排列,位于图形标志的右侧或下方。

(三)英文译写

1.译写原则

(1)合法性原则。

a)公共场所的英文译写应当符合《中华人民共和国国家通用语言文字法》,在首先使用国家通用语言文字的前提下进行译写。

b)地名标志应符合 GB 17733—2008 的规定。

c)设施及功能信息、警示和提示信息属于 GB/T 10001 所列范围的,应当首先使用公共信息图形标志。

(2)规范性原则。

公共场所的英文译写应当符合英语使用规范,符合英语公示语的特点。

(3)准确性原则。

公共场所的英文译写应当根据使用环境,选用符合中文内涵的英文词语。

英语中有多个对应词语的中文,应对所指事物或概念进行分析,结合具体的语言环境和文化背景,根据英语的使用习惯选择最能贴切表达该事物或概念的词语。如通道在表示"地面通道"时,译作 Passage,表示"地下通道"时,译作 Underpass。

(4)通俗性原则。

公共场所的英文译写应当避免使用生僻的英语词汇和表达方法,尽可能使用英语的常用词汇和表达方法。

(5)文明性原则。

公共场所的英文译写不得出现有损我国和他国形象或有伤民族感情的词语,也不得使用带有歧视色彩或损害社会公共利益的译法。

2.翻译方法和要求

(1)设施及功能信息。

以译出设施的功能信息为主,如行李安检通道译作 Luggage Check,"行李安检"的功能必须译出,"通道"作为设施名称可不必译出;应尽量译出设施的特有性质,如医药箱译作 First Aid Kit;安全保障设备应尽可能简明译出其使用方法,如求助按钮译作 Press for Help;设施名称在英文中已习惯使用其缩写形式的,应采用相应的英文缩写,如自动取款机译作 ATM;标有阿拉伯数字的功能设施信息译写直接使用阿拉伯数字表示,如 2 号看台译作 Platform 2,3 号登机口译作 Gate 3;通用类设施及功能信息的具体译法参见本部分附录 A。

(2)警示和提示信息。

以译出警示、提示的指令内容为主,如旅客通道,请勿滞留译作 Keep Walking 或 No Stopping,"请勿滞留"必须译出,"旅客通道"可不必译出;应明确信息所警示、提示的特定对象主体,如旅游车辆禁止入内译作 No Admittance to Tourist Vehicles,不宜简单译作 No Admittance;应结合使用环境,用语准确,如请在安全线外等候译作 Please Wait Behind the Yellow Line,"安全线"译作 the Yellow Line;应注意语气得当,如"请勿……"一般用 Please Do Not…,也可使用 Thank You for Not -ing,如请勿触摸译作 Thank You for Not Touching;通用类警示和提示信息的具体译法参见本部分附录 A。

(3)词语选用和拼写方法。

同一事物或概念,英语国家有不同表达词语的,选择国际较为通行的英文词语;同一词语,在英语国家有不同拼写方法的,选择国际较为通行的拼写方法;同一场所中的词语选用和拼写方法应保持一致。

(4)单复数和缩写。

译文明确指向一个对象,应使用单数;如果译文所指对象不明确,宜使用复数形式,如监督投诉译作 Complaints。采用缩写形式应符合国际惯例,来自外来概念的中文缩略语,应使用外来概念原词的英文缩写,如"世贸组织"应使用 WTO。

3. 书写要求

(1)大小写。

字母大小写应根据英语使用习惯。需要特别强调,警示性、提示性独词句可全部大写。短语或短句中第一个单词和所有实义词的首字母大写。换行时第一个词即使是介词或冠词,该介词或冠词的首字母也需大写。使用连接符"-"连接两个单词时,连接符后面如果是实词则首字母大写,如果是虚词则首字母小写,如 Door-to-Port Delivery。

(2)标点符号。

完整的语句应使用英文标点符号。单词或短语一般不使用标点符号,但若需要加以警示、强调时可使用惊叹号。

（3）换行。

一般不换行。需要换行的，应尽量避免词中换行；无法避免的，应按音节分开，使用连接符"-"。连接符置于第一行行末。

三、色彩

（一）普通色彩要求

类似于文字要素，国家标准《公共信息导向系统　导向要素的设计原则与要求　第1部分：总则》的6.4条详细地指出了在导向标志中色彩要素的总体要求：

（1）导向要素中的图形符号在使用边线时，边线颜色应与符号要素颜色相同；当图形符号含有否定要素时，否定要素的颜色应为红色，其他符号要素的颜色宜为黑色或白色。

（2）更改符号颜色时，不宜将标准图形符号中相同颜色的符号要素更改为不同的颜色符号要素。公共信息图形符号不应同时使用GB/T 2893.1中规定的安全色和安全形状，以避免与安全标志产生混淆。安全色主要是指被赋予安全意义，具有特殊属性的颜色。

（3）标志使用内置光源时，应在深色背景上使用浅色图形符号或文字，同时应适当降低背景色与符号颜色或文字颜色间的对比度，以避免因对比度太强而影响符号或文字的清晰度（例如，与在黑色背景上使用白色符号相比，在蓝色背景色上使用白色符号在视觉上更为清晰）。

（4）在导向要素上使用颜色时，应考虑到色盲和弱视人群对颜色的有限识别能力。

（二）安全色

国家标准GB/T 2893—2008《安全色》中阐述了图形符号中一种重要的颜色分类—安全标志的安全识别色。

1.安全色

安全色是指被赋予安全意义，具有特殊属性的颜色，其用途是使人们迅速地注意到影响安全和健康的对象和场所，并使特定信息迅速得到理解。不同的颜色可代表不同信息，主要有以下4种：

（1）红色：传递禁止、停止、危险或提示消防设备、设施的信息。

（2）蓝色：传递必须遵守规定的指令性信息。

（3）黄色：传递注意、警告的信息。

（4）绿色：传递安全的提示性信息。

2. 对比色

对比色则是使安全色更加醒目的反衬色，包括黑、白两种颜色。黑色用于安全标志的文字、图形符号和警告标志的几何边框；白色用于安全标志中红、蓝、绿的背景色，也可用于安全标志的文字和图形符号。当安全色与对比色同时使用时，应按表 2-13 搭配使用。

表 2-13　安全色的对比色

安全色	对比色
红色	白色
蓝色	白色
黄色	黑色
绿色	白色

安全标志的几何形状、安全色和对比色的一般含义（见表 2-14）。

表 2-14　安全标志的几何形状、安全色和对比色的一般含义

几何形状	含义	安全色	对比色	图形符号色	使用示例
带有斜杠的圆形	禁止	红色	白色	黑色	禁止吸烟 禁止通行 禁止饮用
圆形	指令	蓝色	白色	白色	必须戴防护眼镜 必须穿防护服 必须系安全带
等边三角形	警告	黄色	黑色	黑色	当心烫伤 当心腐蚀 当心触电

续　表

几何形状	含义	安全色	对比色	图形符号色	使用示例
正方形 长方形	提示	绿色	白色	白色	医疗点 紧急出口 避险处
正方形 长方形	消防安全	红色	白色	白色	火警电话 火警警报设施 灭火器
正方形 长方形	辅助信息	白色或安全标志的颜色	黑色或相应安全标志的对比色	相应安全标志的符号色	适合表达由图形给出信息

（三）灯光信号颜色

国家标准 GB/T 8417—2003《灯光信号颜色》中明确了我国的灯光信号颜色为红色、黄色、白色、绿色和蓝色，不得使用其他颜色。

需要注意的是：紫红色不适宜用作光信号，因大气选择性地吸收了紫红色光的蓝色成分，使紫红色容易与红色混淆；紫色不适宜用作光信号，因为它容易与蓝色混淆；橙色也不适宜用作光信号，因为它容易与红色和黄色混淆。同时，构成信号系统的颜色通常不超过四种颜色。

第三节　设计标准

对于导向标识而言，它的设计实质是整合和组织空间环境相关信息，从而帮助人们快速地到达目的地的信息设计。好的导向设计可以提高空间的使用效率，提高或实现空间的根本目的。如果没有一个清晰的导向设计，标识本身便不能创造它的实际价值。

导向系统设计标准包括位置标志、平面示意图和信息板、街区导向图、便携印刷品、导向标志、信息索引标志（见图 2-29）。

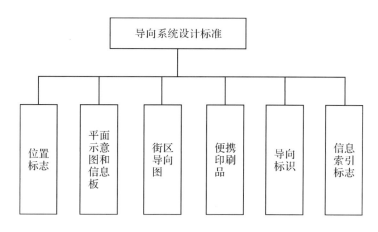

图 2-29　导向系统设计标准框架

一、位置标志

国家标准 GB/T 20501.2-2006《公共信息导向系统　要素的设计原则与要求　第 2 部分：文字标志及相关要素》中指出：位置标志的版面构成一般有图形符号（包括单一图形符号及主图形符号和辅助图形符号组合）、单一文字、图形符号和辅助文字组合三种形式。另外，不同的位置标志也能进行一定的组合。

（一）单一图形符号形式

单一图形符号宜仅用于认知度、理解度高的图形符号，如公共卫生间、男卫生间、女卫生间、公用电话等，且其最小外观尺寸为 1.33a，我们所说的 a 即是它的图形符号尺寸（见图 2-30）。

图 2-30　单一图形符号形式的位置标志设计示例

(二)主图形符号和辅助图形符号组合形式

辅助图形符号对主图形符号的含义起到补充说明的作用。辅助图形符号的尺寸通常小于主图形符号的尺寸,也可与主图形符号的尺寸相同。

当辅助图形尺寸小于主图形符号尺寸时,辅助图形符号宜位于主图形符号的右侧或左侧且符号下沿对齐,辅助图形符号尺寸宜为主图形符号尺寸 a 的 0.5 倍至 0.7 倍(见图 2-31)。

图 2-31　辅助图形符号尺寸小于主图形符号尺寸的位置标志设计示例

当辅助图形尺寸等于主图形符号尺寸时,其设计需要满足 4 个条件:

(1)辅助图形符号应不多于 1 个。

(2)辅助图形符号应位于主图形符号的右侧。

(3)主图形符号与辅助图形符号共用符号边线,两个符号间使用竖线分隔。

(4)隔线的两端不应与符号边线相接,分隔线的线宽应不小于符号边线线宽(见图 2-32)。

图 2-32 辅助图形符号尺寸等于主图形符号尺寸的位置标志设计示例

(三)单一文字形式

当位置标志所要传达的信息没有相应的图形符号表示时,选择单独使用文字构成位置标志。单一文字形式的位置标志由文字、衬底色构成,且文字在标志中应充实、均匀分布及位置居中。

当排列横向文字时,宜居中对齐,且不应多于三行:

(1)仅包含中文时,文字宜为一行,字高不应大于0.8a,文字间距不宜大于文字宽度(见图2-33)。

图 2-33 仅由中文构成的位置标志示例

(2)包含两种语言文字时,中文和另一种文字宜分为两行,且中文应在另一种文字上方,字高宜大于另一种文字的字高。

(3)文字为三行时,首行文字顶端到第三行文字的底端(英文字母的底端从下伸字母下沿算起,即使英文单词中不包含下伸字母也按包含下伸字母计算)的距离不应大于1.03a。

同样的,文字纵向排列时,宜向上对齐,且不应多于三列(见图2-34)。

图 2-34 文字纵向排列的位置标志示例

(四)图形符号和辅助文字组合形式

图形符号和辅助文字组合形式的位置标志由图形符号、文字、衬底色和(或)边框构成,是我们生活中常见的位置标志(见图 2-35)。我国标准中将图形符号与其辅助文字之间的位置关系和尺寸比例,直接放置在了设计的总则中,概括来说,图形符号与其辅助文字的间距不应小于 0.15a,且不应大于 0.3a。

(1)当导向要素中的辅助文字横向排列并位于图形符号一侧时,单行文字字高不应大于 0.6a;两行文字总行高(含行间距)不应大于 0.8a,当两行文字分别为中文和英文时,中文字高宜为 0.46a,英文字高宜为 0.23a;三行文字的首行文字顶端到末行文字底端(当末行文字为英文时,即使在英文单词中不包含下伸字母,也按包含下伸字母计算)的距离不应大于 1.03a。

(2)当辅助文字横向排列且位于图形符号下方时,文字的长度不宜大于图形符号尺寸 a。

（3）当辅助文字纵向排列且位于图形符号下方时，文字要求应符合中文字高的相应要求。

图 2-35　图形符号和辅助文字组合的位置标志示例

（五）位置标志的组合

位置标志的组合是指含义不同的位置标志在形式上的组合，组合后并不改变原位置标志的含义。但是要注意：组合在一起的各位置标志宜采用相同的基准尺寸 a 和相同的设计形式，不宜将设计形式不同的位置标志组合在一起，也不宜将位置标志与导向标志组合在一起。具体的组合形式我们可分为横向组合及纵向组合。

1. 位置标志的横向组合

横向组合的要求如下：

（1）两个单独的图形符号相邻时，图形符号宜横向排列，符号间距不应小于 0.15a，且不应大于 0.3a（见图 2-36）。

图 2-36　由图形符号构成的横向组合的位置标志示例

（2）两个单独的文字信息相邻时，文字信息间的间距不应小于0.3a。

（3）图形符号与另一图形符号附带的文字相邻时，其间距不应小于0.3a，且大于图形符号与文字的间距（见图2-37）。

图 2-37　由图形符号及其服务文字构成的横向组合的位置标志示例

2.位置标志的纵向组合

纵向组合的具体要求如下：

（1）图形符号带有辅助文字时，辅助文字宜位于图形符号的右侧或左侧且宜横向排列。

（2）位置标志间的间距不应小于单个位置标志内部信息元素间的间距（见图2-38）。

图 2-38　由图形符号及其服务文字构成的纵向组合的位置标志示例

二、平面示意图和信息板

国家标准GB/T 20501.3-2006《公共信息导向系统导向　要素的设计原则与要求　第3部分：平面示意图与区域功能图》中指出：平面示意图主要是指显示特定区域或场所内所

提供的服务、设施等位置平面分布信息的图。这些平面图常见于大型商场、游乐园，并为我们提供了有价值的导向指引。如图 2-39 便是我们生活中常见的平面示意图之一。

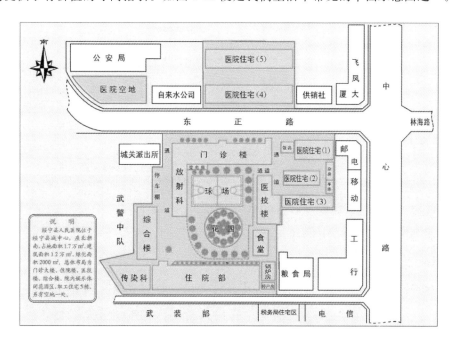

图 2-39　生活中常见的平面示意图

信息板则是主要用于显示特定区域或场所内的服务、设施等信息，不给出服务或设施的详细位置分布的特殊标志。信息板可使观察者在特定区域或场所的入口处快速了解目标区域内的服务内容或设施情况。

下面我们将对平面示意图的总体构成进行阐述。

(一)图名

图名就是平面示意图的称谓。图名应含有"平面示意图"字样，通常位于平面示意图的上部。

(二)平面图

平面图的构成十分复杂，但从生活经验来看，我们对它的构成并不陌生。

1.底图

底图主要由与导向相关的建筑物、构筑物或建筑构造的轮廓线构成，是平面图所有信息的承载，轮廓线应为单一实线。举门为例，在底图中应以轮廓线的断口表示"门"（见图 2-40），不宜表示出门的开关方向及开关角等信息。同时，底图的比例尺宜为 1：

100,但通常不标注。另外,不同的功能区域应能不同的颜色区分,且颜色不宜过多。

图 2-40　"门"的表示方法

2. 图形标志

对于图形标志而言,通常对其要求如下:

(1)在平面图上,图形标志尺寸应大于 10mm,图形标志间的距离不应小于 2mm。

(2)可用不同大小的图形标志表示不同的信息,但标志的尺寸不应多于两种。

(3)如果图形标志具有方向性,应尽量使图形标志的方向与所代表的服务或设施在图中的走向相同。

(4)在平面图上,图形标志不应带有与其含义相同的文字,但可带有补充说明性文字。图形标志与补充说明文字的间距不应小于 2mm,且不大于图形标志尺寸的 60%。

(5)应将图形标志标注在底图中服务设施等所在的区域或位置上,为了避免遮挡平面图中的其他信息,可使用引出线将图形标志标注在其他适当的位置。

3. 文字

同样的,平面示意图上的文字说明也是必不可少的,但是需注意:

(1)文字的字体应为黑体。

(2)同时使用中、英两种文字时,中文应比英文醒目。中文应使用规范汉字,英文单词的开头字母应大写。在少数民族自治区域内可增设当地通用的民族文字。

(3)文字中的编号或序号宜使用阿拉伯数字、大写拉丁字母或阿拉伯数字与大写拉丁字母组合的形式表示。

(4)文字应从左至右横向排列,也可从上至下纵向排列;当同时使用中、英文时,中文应位于英文的上方或前面。

(5)文字的行高不应小于 5mm,文字不宜超过两行。单独标注的文字的行高(如果是双行则含行间距)最大值不应大于平面图中较大的图形标志尺寸。

4. 观察者位置

观察者位置的标注能够使观察者更好地具备导向定位的意识,突出醒目是其不可少的特点,可采用符号"●",中文"您的位置"或"您在此",英文"YOU ARE HERE"三种形式进行标示。

5.指北符号

在设计时,可在平面图上添上指北符号,一般来说,它通常位于平面图上的一角,我们推荐使用的指北符号如图 2-41 所示。

图 2-41　推荐使用的指北符号

(三)平面图的组合

当然,一个平面示意图中可包含两个或多个平面图。在进行平面图的组合时,平面图应按各自所示区域的实际空间顺序或方位排列,各平面图间应保持适当间距,并应突出显示当前位置的平面图,同时应使用文字给出各平面图所在位置和(或)功能的说明。

(四)平面示意图的功能扩展

在平面图上可增加流程导向或路线导向的设计。指示方向时,应使用 GB/T 10001.1 中的"方向"符号(见图 2-42)。两个箭头间可根据需要使用虚线连接,虚线的宽度应与箭杆的宽度相同。

图 2-42　推荐使用的方向符号

(五)平面示意图的图例

图例是平面图中必不可少的一部分,平面图中有特定含义的图形标志、符号及颜色都应在图例中说明。图例应集中并排列整齐。对于图例的具体要求,我们可分为两点:

（1）在图例中，各图形标志的尺寸应相同。图例中的图形标志应与平面图中的图形标志在形状和颜色上保持一致。

（2）文字说明（这里所指的文字说明应是图形标志的基本含义，不包含平面图中标注的补充含义）宜位于图形标志的右侧，也可位于下方。图形标志的文字说明不宜超过两行。

了解完平面示意图，我们来看看信息板的相关信息。信息板的构成相对简单，主要有位置信息和功能信息（见图2-43）。

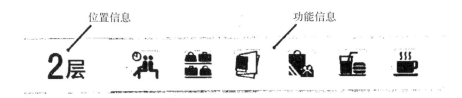

图 2-43　信息板示例

（六）位置信息

位置信息主要表示信息板中所示服务、设施的区域。需要注意的是，楼的层数应用阿拉伯数字表示。在表示地上的层数时，数字的字高不宜小于相邻其他文字的字高；在表示地下的层数时，数字的字高不宜大于相邻其他文字的字高。楼的层数信息可以按以下方式表示：

（1）使用中文表示"层"时，地上层的表示格式为"X 层"，如"2 层"；地下层的表达格式为"地下 X 层"，如"地下 2 层"。

（2）使用英文表示"层"时，地上层的表示格式为"XF"，如"2F"；地下层的表达格式为"BX"，如"B2"。

（七）功能信息

功能信息通过图形标志和(或)文字标志给出的该区域内各种服务、设施的信息，是信息板的主要组成部分，对它的设计应优先使用图形符号形成的图形标志表示，在没有标准图形符号或不能用图形符号表示的情况下才使用文字表示。

（八）信息板的组合

多个信息板设计成的组合信息板，在我们的生活中也非常常见，譬如电梯中就常常使用此种组合（见图2-44）。在设计组合信息板时，各信息板应按各自所示场所的实际空间顺序或方位排列,设计风格应保持一致。各信息板间应有明显分界,并突出显示当前位置的信息板。

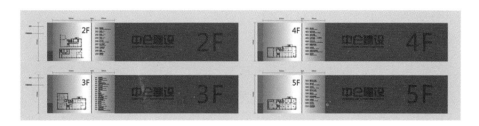

图 2-44　组合信息板示例

三、街区导向图

国家标准 GB/T 20501.4—2006《公共信息导向系统　要素的设计原则与要求　第 4 部分:街区导向图》中指出:

街区导向图是以公共信息图形标志、文字及颜色等表达方式向观察者提供街区内主要自然地理信息、公共设施位置分布信息和导向信息的图,它帮助观察者确定所在位置和了解周围环境的整体情况,并提供下一步行进方向的参考信息。在街区的道路两侧、交通设施出入口等地,我们可以找寻它的存在(见图 2-45)。

图 2-45　纽约街区导向示例

(一)总则

1.构成

街区导向图应由图名、主图、辅图和图例构成。

2.图形标志

街区导向图中的公共设施应用图形标志标注。图形标志的设计应符合 GB/T 20501.1—2006 中第 5 章的有关要求,且宜使用符号衬底色形成标志区域。

3.文字

街区导向图中文字的设计同样应符合 GB/T 20501.2—2013 中的要求,文字颜色宜为黑色,且应横向排列,位于图形标志的右侧或下方。

4.图形标志与文字的关系

当使用图形标志和文字共同标注同一地物时,图形标志与对应的文字应形成一个整体,并与其他图形标志和文字有明显间隔。图中的图形标志与对应文字的距离宜统一,两者间距离不应小于 0.15a(见图 2-46)。

图 2-46 图形标志与文字组合的设计示例

5.信息分类

街区导向图中提供的信息可分为三类,包括公共设施位置信息(交通站点即机场、车站、码头等位置信息,公共卫生间位置信息,其他位置信息);公共设施导向信息;道路信息、自然地理信息。

6.颜色要求

首先,在设计街区导向图时,应使用不同颜色区分不同类别的信息,应按信息的类别设计不同色相、不同明度和不同饱和度的颜色,突出公共设施位置信息。其次,表示公共设施信息的图形标志和其背景之间,图形标志中图形符号的颜色和衬底色之间都应有足够对比度。另外,水系和绿地的颜色应符合地图用色规定,例如水系使用蓝色,绿地使用绿色。最后,可使用颜色区分街区导向图中的不同功能区(如商业区、旅游区等),但颜色种类应尽量少。

(二)细则

细则方面,我们将详细阐述街区导向图的各个组成部分。

1.图名

与平面示意图相同,图名是街区导向图的称谓。图名应能反映街区导向图的地域范围,其构成应为区域名称加上"街区导向图",如"王府井街区导向图"。图名宜同时使用中英文。同时要注意图名中"街区导向图"不应比区域名称醒目。

2.主图

在设计时,对主图的一般要求如下:

(1)主图应包括:底图、公共设施位置标志、公共设施导向标志、指北符号和观察者位置。

(2)主图内容应准确、清晰且易于辨认。

(3)主图中从"观察者位置"到覆盖范围内任意一点所表示的实际水平距离不宜大于 1000m。

(4)图中标注的公共设施应是有固定位置、相对永久的设施,应优先标注标志性设施和建筑。

(5)毗邻的街区导向图应有一定重叠区域。毗邻的街区导向图中公共设施和建筑物的标注形式以及所用符号、图形标志应一致。

3.辅图

辅图是用颜色在小比例尺的市、县图或城区图上标注主图覆盖区域所在位置的示意图。所用颜色应与主图的区域标注色保持一致。另外,辅图的方向应为上北下南,并应标注指北符号。

4.图例

图例是对主图中的图形标志、符号及特定含义的颜色进行解释的清单或列表。对图例的具体要求如下:

(1)图例中图形标志的尺寸不应小于主图中位置标志的尺寸,并在形状和图形符号上与主图保持一致。图例应集中布置,并排列整齐。图例中图形标志的顺序应按功能(如交通、通用、旅游等)排列。

（2）图例中图形标志的文字说明应是图形标志的基本含义，不应是主图中标注的地物名称，例如不应标注"北京饭店"而应标注"饭店"。应同时使用中英文两种文字。文字位于图形标志右侧时，单行文字的字高不应大于图形标志高度的60%，文字的总高度不应大于图形标志的高度；文字位于图形标志下方时，其宽度不宜大于图形标志的宽度。

由此可见，街区导向图中图例的要求可等同于平面示意图中的图例要求。

四、便携式印刷品

国家标准 GB/T 20501.5—2006《公共信息导向系统　要素的设计原则与要求　第5部分：便携印刷品》中指出：

便携印刷品是便于使用者携带和随时查阅的导向资料。它以图形标志、文字、颜色及图等表达方式向使用者提供主要自然地理信息、公共设施位置分布信息、导向信息、功能信息和服务信息等，集成了定位、导向和介绍的功能，是人们了解公共设施的有效途径。在生活中，我们常见的有景区路线图（见图 2-47）、停车场分布图等。

图 2-47　景区路线图示例

作为便携式印刷品，要能通过功能列项图、信息板、平面示意图、地理位置图、分布图和路线图等形式提供导向信息。其可为单页，也可相互组合或与其他信息组合成册。

印刷品的设计内容应当准确清晰，版面简洁美观。

（一）功能列项图

它采用图形标志和文字作为信息表达方式。其中，图形标志表示功能；文字是对功能的解释，包括功能名称和功能说明（见图2-48），功能名称应比功能说明醒目。另外，图形标志和文字应各自成列，且列间有明显间隔。

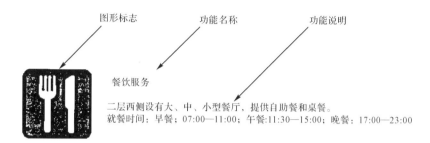

图形标志　　　功能名称　　　功能说明

餐饮服务

二层西侧设有大、中、小型餐厅，提供自助餐和桌餐。
就餐时间：早餐；07:00—11:00；午餐:11:30—15:00；晚餐：17:00—23:00

图 2-48　功能列项图中图形标志和文字的应用示例

（二）信息板

信息板应与相应区域的简要文字说明配合使用，对于组合信息板而言，则应与公共设施的简要文字说明配合使用。

（三）平面示意图

平面示意图提供固定区域或场所内服务、设施的位置分布信息。

平面示意图应与相应区域的简要文字说明配合使用，当与其他用于导向的印刷资料组合使用时，平面示意图宜单设一页。当使用组合平面示意图时，不应突出显示任何一个平面示意图，且与公共设施的简要文字说明配合使用。

（四）地理位置图

对于地理位置图，注意点主要有四：

（1）应仅标注有导向意义的主要地物（如道路、水体、绿地、标志性建筑等）和主要交通设施（如公交车站、地铁站、渡口、码头、机场、火车站等）信息。地物多称的注记应使用地名管理部门公布的标准名称。公交车站和地铁站应标注线路号。

（2）应在图中明显位置标注"指北符号"。

（3）所示意的某一公共服务单位的位置应使用形状和颜色均醒目且唯一的符号标出，同时标注该公共服务单位的名称。

（4）当与其他用于导向的印刷资料组合使用时，地理位置图布置在封底。

（五）分布图

分布图应是对专业测绘部门颁布的标准地图进行简化后的图，应仅保留水体、绿地和道路三种地物的走向、形状和名称。必要时宜按实际情况标注公共服务单位的名称。

（六）路线图

与分布图具有相似点，路线图应是对专业测绘部门颁布的标准地图或工程设计图进行简化后的图，应仅保留水体、绿地和道路三种地物的走向、形状和名称，并应标出路线和相关换乘信息。

另外，以上所说的所有便携式印刷品，在它们组合使用时，都应当单设一页，以达到准确清晰的要求。

五、导向标志

国家标准 GB/T 20501.6—2006《公共信息导向系统　导向要素的设计原则与要求第 6 部分：导向标志》中指出：

与位置标志类似的，导向标志的版面构成主要包括三种类型：由箭头符号与图形符号组成、由箭头符号与文字组成以及由箭头符号与带有辅助符号的文字组成。导向标志的相互组合也是生活中不可缺少的应用。

（一）箭头符号与图形符号组成的导向标志

首先，在箭头符号的使用意义上，我国标准已经在 GB/T 20501.1—2013 中的 6.2条中做出了明确规定：

（1）实际使用中方向符号不宜带有边线或独立的衬底色；

（2）方向符号的尺寸 a 为角标所确定范围的正方形边长，箭头图形可在角标范围内等比例放大，但放大的箭头图形不应超出角标所确定的正方形范围；

（3）带有指向性的箭头符号都有其特定的含义（见表 2-15）。

表 2-15　不同指向的箭头符号的含义

方向符号	含义	方向符号	含义
↑	向前行进； 从此处通过并向前行进； 从此处向上行进	↓	从此处向下行进
↖	向左上行进； 向左前行进(仅在不可能与"向左上行进"混淆时使用)	↗	向右上行进； 向右前行进(仅在不可能与"向右上行进"混淆时使用)
←	向左行进	→	向右行进
↙	向左下行进	↘	向右下行进

　　其次,箭头符号与图形符号宜横向排列。箭头符号与图形符号应具有相同的图形符号尺寸 a。如果图形符号含有方向性,则应在不改变含义的前提下对图形符号进行调整,使其方向性与箭头的指向一致(见图 2-49)。

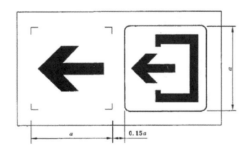

图 2-49　导向标志中图形符号与箭头符号指向保持一致的示例

　　另外,当箭头符号带有两个或多个独立含义的图形符号(见图 2-50)时,图形符号的间距应相同,且宜从箭头符号所在位置起按照图形符号所示对象的实际位置由近及远排列。

图 2-50　带有多个图形符号的导向标志示例

(二)箭头符号与文字组成的导向标志

一般来说,箭头符号与文字宜横向排列,文字不应多于三行,箭头符号与文字的间距应大于 0.15a,且不应大于 0.3a。这些要求同位置标志的要求是一致的。举具体的文字行数来说:

(1)文字为一行(见图 2-51)时,中文字高不应大于 0.8a,字间距不应大于箭头符号与文字的间距。

(2)文字为两行(见图 2-52)或三行时,文字应向箭头符号所在位置对齐。中文字高不应小于 0.3a,其他语言文字的字高不应小于 0.23a。如两行文字分别为中文和英文,则中文应在英文上方,中文字高应大于英文字高。

图 2-51　箭头符号与单行文字组成的导向标志示例

图 2-52　箭头符号与两行文字组成的导向标志示例

（三）箭头符号与带有辅助符号的文字组成的导向标志

从图 2-53 中出发，我们可以概括出这种导向标志的特点：箭头符号与图形符号及其辅助文字横向排列，箭头符号与图形符号相邻。

图 2-53　箭头符号与带有辅助符号的文字组成的导向标志示例

特殊地，当我们需要两个或多个图形符号，且它们都带有辅助文字时，由图形符号及其辅助文字构成的信息单元之间的间距不应小于信息单元内部的设计间距且不应大于 0.3a。它们的排列形式也可分为纵向和横向。当图形符号：

（1）纵向排列时，辅助文字宜位于图形符号的右侧或左侧，箭头符号与最上方的图形符号横向排列（见图 2-54）。

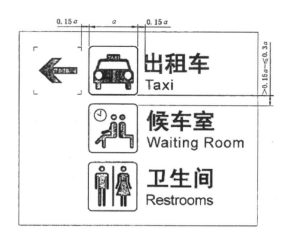

图 2-54　箭头符号与带有辅助符号的文字纵向排列的导向标志示例

（2）横向排列时，辅助文字宜位于图形符号下方。如辅助文字位于图形符号的右侧或左侧时，一个导向标志中由图形符号及其辅助文字构成的信息单元的数量不宜超过三个（见图 2-55）。

图 2-55　箭头符号与带有辅助符号的文字横向排列的导向标志示例

(四)导向标志的组合

各种不同类型的导向标志按照不同需求可以进行不同的组合,但是我们应该首先明确一点,即导向标志不宜与位置标志组合。

其次,对于组合在一起的导向标志,我们需要明确它们具有相同的基准尺寸 a。

当两个不同指向的导向标志左右组合时,导向标志间的空白距离不应小于 a。如两个导向标志的间距小于 a,应通过分隔线区分两个导向标志。各导向标志与分割线的间距不应小于 0.2a。分隔线的长度不应小于 a,宽度不应小于符号边线的宽度(见图 2-56)。

图 2-56　不同指向的导向标志左右组合的示例

当两个或多个导向标志上下组合时,导向标志间的行间距则应大于单个导向标志内的信息元素间的间距。

需要强调的是,组合中不同指向的箭头符号排布也是有讲究的。其中,箭头符号指向为向上、左上、向左、左下和向下的导向标志宜靠左布置,箭头符号指向为右上、向右和右下的导向标志宜靠右布置(见图 2-57)。

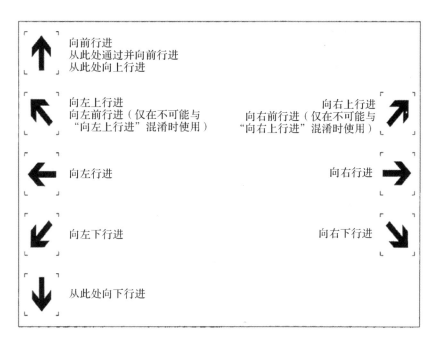

向前行进
从此处通过并向前行进
从此处向上行进

向左上行进
向左前行进（仅在不可能与
"向左上行进"混淆时使用）

向右上行进
向右前行进（仅在不可能与
"向右上行进"混淆时使用）

向左行进

向右行进

向左下行进

向右下行进

从此处向下行进

图 2-57　带有指向的箭头符号的布置方式

六、信息索引标志

就目前来看,国家标准 GB/T 20501.7—2014《公共信息导向系统　导向要素的设计原则与要求　第 7 部分:信息索引标志》是我国最新的关于导向要素设计原则与要求部分的标准,其中给出了信息引索标志的定义:信息引索标志是能列出特定区域内服务功能或服务设施位置信息的索引的标志。

(一)设计原则

在设计上,本部分应与 GB/T 20501.1 配合使用。信息索引标志中的图形符号应使用 GB/T 10001 中规定的图形符号,如果没有相应含义的标准图形符号,可根据 GB/T 16903.1 的要求设计所需的图形符号,新设计的图形符号使用时宜带有辅助文字。信息索引标志主要由三部分内容构成(见图 2-58):

(1)标志名:信息索引标志的称谓;

(2)位置信息:信息索引标志中功能信息所在的区域或位置;

(3)功能信息:信息索引标志所要给出的服务功能或服务设施的信息。

图 2-58　信息引索标志的构成示例

在信息索引标志中,功能信息与位置信息相对应。当仅包含一条位置信息时,信息索引标志可只由位置信息和功能信息两部分内容构成(见图 2-59)。当然,信息索引标志列出的服务功能或服务设施信息应根据区域内目标人群的主要导向需求进行选取。

图 2-59　仅包含一条位置信息的信息索引标志示例

(二)信息索引标志的内容要求

1.标志名

标志名通常使用文字表示,可在标志名中使用"信息服务"图形符号(见图 2-60)。同时标志名中宜包含标志所示区域或建筑的名称和"索引"字样,如"2 号航站楼索引"(见图 2-58)。标志名中区域或建筑名称的中文字高不应小于位置信息文字的最大字高。

图 2-60　信息服务符号

2.位置信息

位置信息应当用文字表示。位置信息文字的最大字高不应小于功能信息文字的最大字高。它通常由位置的名称和(或)编号等内容构成,位置信息中呈现的名称或编号等内容应与原有规划一致。

楼层编号是位置信息的常见形式,通常由"楼层数"信息与"层"信息一起构成。楼层编号中的"楼层数"信息宜使用阿拉伯数字表示,也可使用中文表示。当使用阿拉伯数字时,地上层中数字的字高不宜小于相邻汉字或字母的字高,地下层中数字的字高不宜大于相邻汉字或字母的字高。楼层编号中的"层"信息宜使用大写英文字母或汉字表示,并符合以下规定:

当使用英文字母表示"层"信息时,地上层中的"层"应使用大写字母 F 表示,地下层中的"层"应使用大写字母 B 表示(见图 2-58)。此时:

(1)楼层编号中的"楼层数"信息应使用大于 0 的阿拉伯数字表示,地上层表示为"XF",如"2F";地下层表示为"BX",如"B2";

(2)表示地上层时,字母 F 的字高应不小于相邻数字高的 0.6 倍且不大于相邻数字高的 1 倍;

(3)表示地下层时,数字的字高应不小于字母 B 字高的 0.6 倍且不大于字母 B 字高的 1 倍;

当使用汉字表示"层"信息时,地上层表示为"X 层",如"2 层";地下层表示为"地下 X 层",如"地下 2 层"。

3.功能信息

在构成上,功能信息使用图形符号和(或)文字表示。功能信息的构成形式有三种:

(1)以图形符号为主构成,图形符号可带有辅助文字(见图 2-58);

(2)以文字为主构成,仅使用图形符号表示通用的服务功能或服务设施信息(如公用电话、卫生间等)(见图 2-61);

(3)全部由文字构成。

图 2-61　信息索引标志中以文字为主,辅以图形符号表示通用信息的示例

当功能信息以图形符号为主构成时,图形符号是否带有辅助文字应保持一致。当图形符号带有辅助文字时,图形符号与辅助文字间的关系应符合 GB/T 20501.1 的规定。

当功能信息以文字为主构成且只使用图形符号表示通用的服务功能或服务设施信息时:

(1)使用的图形符号不应带有辅助文字,图形符号的尺寸应相同;

(2)文字和图形符号应分开排列,图形符号宜位于文字的右侧或下部,文字与图形符号间应有明显间隔;

(3)如文字仅为中文,则图形符号的尺寸不宜大于单行中文的行高;

(4)如文字同时使用中文和英文,则图形符号的尺寸不宜大于单行中文和单行英文的总行高(含行间距)。

当不同构成形式的功能信息并存时,则需要注意以下三点内容:

(1)与同一个位置信息对应的功能信息应采用相同的构成形式;

(2)以图形符号为主构成的功能信息中的图形符号尺寸应大于以文字为主所构成的功能信息中的图形符号尺寸;

(3)同种语言文字的行高宜相同。

在与同一个位置信息对应的功能信息内,信息之间应有明显间距。当版面不足时,在不影响信息读取的前提下，信息间可用"/"分隔。

此外，当功能信息由中英文共同呈现时，应符合三个要求：

（1）中文行高应大于对应的英文行高；

（2）英文宜位于对应中文的下部或右侧；

（3）在不引起歧义的前提下，中文和英文可分别集中排列。

4. 信息引索标志的布局要求

在布局上，标志名宜位于信息引索标志版面的上部或左侧，位置信息宜位于对应的功能信息的左侧或上部。当位置信息由区域的名称或编号构成时，位置信息和对应的功能信息宜按照区域名称或编号的顺序，在标志版面中由上至下或由左至右排列。当位置信息由楼层编号构成时，位置信息和对应的功能信息宜按照楼层的实际顺序，在标志版面中由上至下单列或多列排列。多列排列时，下一列信息应位于上一列信息的右侧。同时，在版面上，应当突出标志当前所在的区域或楼层的信息。

注：有多种方法可供选择，如在信息索引标志名中重复当前的位置信息，或将当前位置信息和（或）相应的功能信息设计成不同的颜色或样式等，为了增强突出的效果可以同时使用多种方法。

另外，信息索引标志中相邻的位置信息之间或相邻的与不同位置信息对应的功能信息之间均应有明显的间隔。

第四节　设置标准

导向标志完成设计后，其位置设置的正确性也尤为重要。一个正确的设置能够给予受众正确的导向，避免引起不必要的错误，为人们的生活提供便利。

导向系统设置标准可分为 11 部分，分别是总则、民用机场、铁路旅客车站、公共交通车站、购物场所、医疗场所、运动场所、宾馆和饭店、旅游景区、街区及机动车停车场（见图 2-62）。

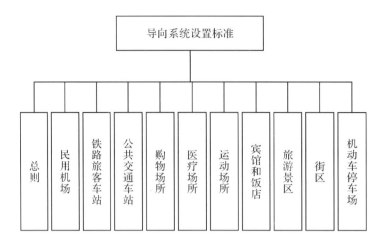

图 2-62　导向系统设置标准框架

一、总则

国家标准 GB/T 15566.1—2007《公共信息导向系统　设置原则与要求　第 1 部分：总则》中主要列出了设置公共信息导向系统的通用原则与要求。

(一)设置原则

在设置方面,我们应该遵循 6 个原则：

1.规范性

公共信息导向系统中导向要素的设计应符合 GB/T 20501 的要求。导向要素中信息的传递应优先使用图形标志,边长大于 10mm 的图形标志的形成应使用 GB/T 10001 中规定的图形符号,并应符合 GB/T 20501.1 的要求,边长 3mm 至 10mm 的图形标志应使用 GB/T 17695 中规定的标志。

2.系统性

首先应保证一个导向系统内部导向信息的连续性、设置位置的规律性和导向内容的一致性。其次应保证系统间导向信息的连续性,在考虑对系统内部导向的同时,还应提供到达该系统以及周边系统的信息。同时,在设计和设置某个具体导向系统时,应考虑其中的导向要素对整个城市导向系统的作用和贡献。

3.醒目性

导向要素在所设置的环境中应醒目,应设置在易于发现的位置,并避免被其他固定物体遮挡。

4.清晰性

导向要素中符号和文字与其背景应有足够的对比度,同时保证图形符号和文字两者的细节容易被区分,标志与标志及标志与文字之间相互关系清晰。

5.协调性

在整个系统中,表示相同含义的图形符号或文字说明应相同;同一区域中,同类导向要素的尺寸、设置方式和设置高度宜相同。

6.安全性

导向系统中各要素设置后,不应有对人体造成任何伤害的潜在危险。

(二)设置方式

1.导向要素常用的设置方式

(1)附着式:标志背面直接固定在物体上的设置方式;

(2)悬挂式:与建筑物顶部或墙壁连接固定的悬空设置方式;

(3)摆放式:可移动放置的设置方式;

(4)柱式:固定在一根或多根支撑杆顶部的设置方式;

(5)台式:附着在一定高度的倾斜台面上的设置方式;

(6)框架式:固定在框架内或支撑杆之间的设置方式;

(7)地面式:通过镶嵌、喷涂等方法将标志以平面方式固定在地面或地板上的设置方式。

2.导向要素的推荐设置方式

(1)导向标志常用的设置方式有附着式、悬挂式和柱式等;

(2)位置标志常用的设置方式有附着式、悬挂式、摆放式和柱式等;

(3)信息板常用的设置方式有附着式、悬挂式、柱式和台式等;

(4)平面示意图常用的设置方式有附着式、柱式和台式等;

(5)街区导向图常用的设置方式有附着式、柱式和台式等。

(三)导向标志、位置标志

导向标志与位置标志是我们生活中常见的导向要素,因此总则中对它们的设置做了详细的规定与说明。

1.设置位置

一般来说,位置标志应设置在目标的上方或紧邻目标物上。如果位置标志所表示的目标在有效观察范围内特征突出且易于辨认,则位置标志的设置应起到导向作用,使较远处的观察者易于发现,如将位置标志悬挂设置或与墙面垂直设置。在我们看不到位置标志时,需设置导向标志。导向标志与位置标志之间的导向信息应连续。在导向路径上所有需要做出方向选择的节点如分岔口等,均应设置导向标志。当路线很长时,即使没有分岔口,亦应以适当的间隔重复设置导向标志(见图 2-63)。

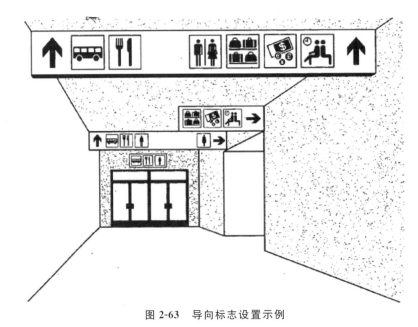

图 2-63　导向标志设置示例

另外,同一场所中,需要同时给车辆和行人分别进行导向时,应通过标志的颜色、标志载体的形状或标志的设置位置明确区分两种不同的信息。同时注意在人员入口内侧和人员出口外侧宜设置请勿通过标志(见图 2-64),在停车场车辆入口内侧和车辆出口外侧应设置禁止驶入标志(见图 2-65)。

图 2-64　请勿通过标志

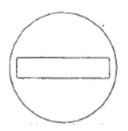

图 2-65　禁止驶入标志

2.信息的传递

导向标志宜按照先概括后具体的顺序设置,例如先设置"卫生间"标志,后设置"男卫生间"及"女卫生间"标志(见图 2-63)。

3.方向

当不同指向的多个导向标志设置在一起时,各导向标志间应以如下方式布置,且同向的导向标志应上下相邻布置(见图 2-66)。

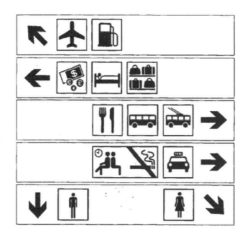

图 2-66　导向标志集中设置示例

另外,在设置导向标志时,应当避免在选择方向时产生任何误解。例如,在可能与"向上"混淆的情况下,使用向下指的箭头表示"向前"(见图 2-67)。

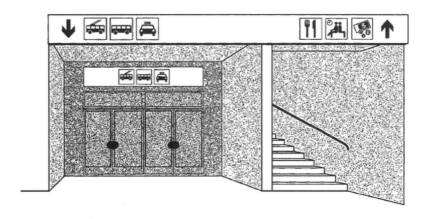

图 2-67　避免产生指向误解的示例

同时,如果位置标志中的图形符号含有方向性,则应在设置位置标志时使图形符号的方向与实际场景中的方向一致（见图 2-68）。如果图形符号的方向与实际场景的方向不一致，应使用图形符号的镜像符号。

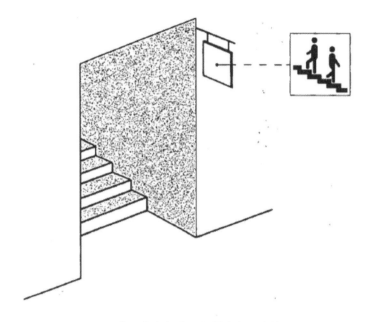

图 2-68 符号方向与实际场景方向一致的示例

出入口是位置标志和导向标志最频繁出现的地点之一。

在出入口设置位置标志时，根据实际设置的位置，应调整图形符号的方向，使符号中的箭头方向与实际人员流动方向相一致。表 2-16 中给出了出入口图形符号处于不同方向时的设置位置。同时，出入口符号与导向箭头配合形成导向标志时，出入口符号中箭头方向应与导向箭头的方向相一致（见表 2-17）。

表 2-16 出入口图形符号处于不同方位时的设置位置

不同方向的入口图形符号	设置位置		不同方向的出口图形符号	设置位置	
	标志附着于入口所在墙面	标志与入口所在墙面垂直		标志附着于出口所在墙面	标志与出口所在墙面垂直
（入口图形符号）	设置在入口的上方、左侧或右侧	—	（出口图形符号）	设置在出口的上方、左侧或右侧	—

不同方向的入口图形符号	设置位置		不同方向的出口图形符号	设置位置	
	标志附着于入口所在墙面	标志与入口所在墙面垂直		标志附着于出口所在墙面	标志与出口所在墙面垂直
	—	设置成标志中的箭头指向入口		—	设置成标志中的箭头指向出口
	—	设置成标志中的箭头指向入口		—	设置成标志中的箭头指向出口

表 2-17 出入口导向标志的设置方式

入口导向	出口导向

4. 尺寸

我国的标志尺寸应根据标志的最大观察距离确定。图形标志的尺寸与最大观察距离间的关系由以下公式确定：

$$a = 25L/1000$$

式中：

a 表示图形标志尺寸,单位为米(m);

L 表示最大观察距离,单位为米(m)。

此处附上标志最大观察距离的测量方法：

在图 2-69 中,假设在 A 和 B 处设置标志:如要求门口的观察者能看清标志,则最大观察距离分别为 LA_1 和 LB_1;如要求室内任何位置的观察者都能看清楚标志,则最大观察距离以室内离标志最远位置的观察者为准,分别为 LA_1 和 LB_2。

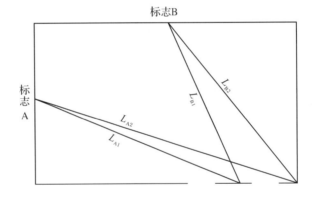

图 2-69　标志最大观察距离的测量方法示例

图形标志的最大观察距离确定后,应当按表 2-18 所示尺寸系列确定标志的尺寸。

表 2-18　图形标志尺寸系列

单位:米

最大观察距离 L	图形标志尺寸 a
0＜L≤2.5	0.063
2.5＜L≤4.0	0.100
4.0＜L≤6.3	0.160
6.3＜L≤10.0	0.250
10.0＜L≤16.0	0.400
16.0＜L≤25.0	0.630
25.0＜L≤40.0	1.000

5.视线的偏移

观察者可以从各个角度发现标志,因此,为保证标志的醒目,在最大观察距离上,标志设置位置与视线正方向间的偏移角宜在 5°以内,最大偏移角不应大于 15°(见图 2-70)。

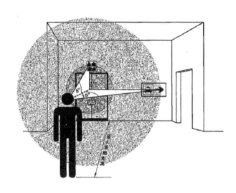

图 2-70　视线偏移范围示意图

如果标志安装位置受条件限制无法满足偏移角的要求,应增大标志的尺寸。当抬头、低头(例如在上楼或下楼时)及转头时,视线正方向在各个方向旋转的角度最大可达45°(见图 2-71)。

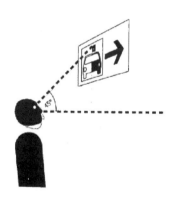

图 2-71　视线正方向旋转角度示意图

6.设置高度

在标志的设置上,对设置高度主要有 4 个要求:

(1)标志的设置高度应满足视线偏移的有关要求。

(2)导向标志附着式安装时,标志载体的上边缘与地面之间的垂直距离不应小于2.00m,以保证标志上的信息不被遮挡(见图 2-72)。

图 2-72 附着式导向标志设置高度示意图

（3）位置标志附着式安装时，应将标志设置在水平视线的高度，即标志载体的上边缘与地面之间的垂直距离约为 1.60m。如果位置标志需要在更大距离上被识别，则标志载体的下边缘与地面之间的最小距离不应小于 2.00m（见图 2-73）。

图 2-73 附着式位置标志设置高度示意图

（4）标志悬挂式安装时，标志载体的下边缘与地面之间的垂直距离（最大净空高度）不应小于 2.20m（见图 2-74）。

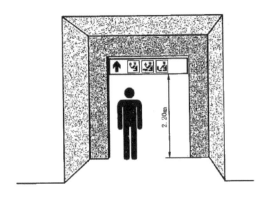

图 2-74 悬挂式标志设置高度示意图

(四)信息板和平面示意图

信息板和平面示意图应设置在其导向范围的主要入口处。平面示意图的实际设置位置应与图中所设计的观察者位置一致。其次,观察者在平面示意图上看到的方位应与实际的方位一致,例如,在图中位于观察者左侧的设施,在实际环境中也应位于观察者的左侧。另外,应当在信息板和平面示意图上的显著位置设置信息中心图形标志。

(五)街区导向图

街区导向图宜设置在行人较多的露天场所,例如道路的平面交叉口、车站的出入口。设置位置应与图中所设计的观察者的位置一致。同时,街区导向图的设置密度应与交通流量相协调,在道路上设置时,同向设置距离不应大于1000m。

与信息板和平面示意图类似的,观察者在街区导向图上看到的方位应与实际的方位一致,例如,在图中位于观察者左侧的设施,在实际环境中也应位于观察者的左侧。同时,应在街区导向图的显著位置设信息中心图形标志。

(六)便携印刷品

对于便携印刷品而言,其通常摆放在导向范围的主要入口或宾馆、饭店等的接待处等位置,以方便取用。另外,便携印刷品宜放置在平面示意图等导向要素附近。

(七)无障碍设施

无障碍设施对残疾人、老弱群体及特殊人群的出行而言是非常重要的。在导向系统中,应为无障碍设施提供醒目的导向信息。无障碍设施处应设置相应的位置标志。无障碍设施和普通设施不在一起时,应设置相应的无障碍设施导向标志。

在生活中,常见的无障碍设施包括:无障碍出入口、无障碍坡道、无障碍电梯、无障碍窗口、无障碍卫生间、无障碍电话、无障碍车位等。需注意的是:台式设置的导向要素,如平面示意图,应便于轮椅使用者阅读;悬挂式设置的导向标志和位置标志的高度,应便于老年人和其他行动不便者阅读。

二、民用机场

国家标准 GB/T 15566.2—2007《公共信息导向系统　设置原则与要求　第2部分:民用机场》中指出:以流程方式为依据,可将我国机场导向系统分为航站楼出发导向系统、航站楼到达导向系统及机场地区导向系统三个子系统。机场内部的导向要素多种多样,包括位置标志、导向标志、平面示意图、信息板、流程图、便携印刷品及电子导向设施。

(一)航站楼出发导向系统

航站楼出发导向系统是为出发乘客提供导向信息的系统。

1. 设置范围

导向要素的设置范围是指从航站楼出发大厅入口至登机口。

2. 出发流程

国内出发流程:售票→办理乘机手续→行李托运→安全检查→候机→登机。

通常的国际及港澳台地区出发流程:售票→办理乘机手续→行李托运→海关→卫生检疫→动植物检疫→边防检查→安全检查→候机→登机。相较于国内的出发流程,显然复杂许多。

3. 出发大厅

应在航站楼出发大厅入口上方设置出发标志。国际机场应分别标明国内、国际及港澳台地区出发入口。在设置上,出发大厅内的明显位置应设置出发大厅平面示意图,出发大厅的电梯、自动扶梯和楼梯附近应设置出发大厅平面示意图及信息板,其设计应符合 GB/T 20501.3 的要求(本章第三节第二部分)。同时出发大厅平面示意图旁应当设置出发流程图,以提醒不够熟悉流程的乘客。亦可在出发大厅平面示意图上用箭头标示出发流程。

其余地方同样应设置导向要素,出发大厅入口及问讯处应放置航站楼便携印刷品,其设计应符合 GB/T 20501.5 的要求(本章第三节第四部分)。航站楼便携印刷品应提供航站楼各区域平面示意图、信息板和出发流程图。同时,问讯处还应设置电子导向设施。电子导向设施中应显示航站楼各区域平面示意图和出发流程图等,其中显示的图形符号应与其他导向要素中的图形符号相一致。最为醒目的出发大厅航班信息显示牌应显示各航班的航班号、出发时间及目的地等航班信息以及办理乘机手续柜台的编号。出发大厅售票处也应设置售票处位置标志。

4. 海关

同样应在海关处设置位置标志,并在红色(申报)通道、绿色(无申报)通道入口处设置相应的位置标志。

5. 乘机办理手续区

在乘机办理手续区范围,即办理乘机手续柜台处应当设置 4 大标志,具体如下:

（1）应在办理乘机手续柜台设置相应的位置标志、柜台编号并显示所办理的航班信息（航班号、目的地和航班出发时间等）。

（2）应在办理乘机手续柜台设置托运行李检查、禁止托运物品及应托运物品的标志。

（3）应在办理乘机手续柜台设置超限托运行李导向标志，在超限托运行李柜台设置相应的位置标志。

（4）应在乘机手续办理区设置出发导向标志，引导办理完乘机手续的乘客按流程前往登机口。

6.检验检疫站、边防检查站

应在检验检疫站、边防检查站应当设置卫生检疫、动植物检疫、边防检查位置标志。

7.安全检查站

首先，安全检查站前方应当设置安全检查位置标志。更为重要的是，在其前方明显位置设置 GB/T 10001.3 中规定的禁止携带、托运物品的标志（见图 2-75）。另外，在其后方设置登机口导向标志。

图 2-75　飞机禁止携带、运输的物品

8.候机区

候机区应当设置登机口导向标志以指示乘客。同时，在各专用候机室（如头等舱、公务舱和母婴候机室)入口处设置相应的位置标志,若为航空公司或其他机构专用贵宾厅候机室,可增设相应航空公司或机构的徽标。

9.登机口

在登机口上方应设置登机口位置标志并显示航班号、出发时间及目的地等航班信息。

(二)航站楼到达导向系统

航站楼到达导向系统是为到达乘客提供导向信息的系统。

1.设置范围

导向要素的设置范围从航班到达入口至换乘市内公共交通工具或以其他交通方式离开航站楼。需要注意:航班到达入口包括廊桥出口和摆渡车到达入口。

2.到达流程

国内到达流程:航班到达入口→行李提取→出站。

通常的国际及港澳台地区到达流程:航班到达入口→卫生检疫、动植物检疫→边防检查→行李提取→海关→出站。

与出发不同,到达还包括航班中转流程(直接中转):航班到达入口→航班中转联程手续办理→候机→登机。

3.航班到达入口

在航班到达入口处应当设置出口和行李提取导向标志。而在枢纽机场的航班到达入口应设置中转联程导向标志,引导中转联程乘客前往中转联程乘机手续办理柜台。

4.中转联程乘机手续办理柜台

中转联程乘客到达中转联程乘机手续办理柜台,柜台处应设置中转联程位置标志及登机口导向标志以指示乘客。

5.检验检疫站、边防检查站

这两个站点的标志设置同航站楼出发导向系统中的设置相同。

6.行李提取厅

首先,在行李提取厅应当设置行李提取位置标志。其次,在行李提取转盘应设置编号并显示行李所在的航班号和航班始发地,必要时应显示航班经停地。同时,在超限行李提取处设置相应的位置标志(超限货物、行李提取),在行李查询处设置行李查询位置标志。设置出口导向标志也是必不可少的一个步骤。

7.海关

类似于检验检疫站、边防检查站,海关的标志设置也和航站楼出发导向系统中的设置相同。

8.到达大厅

在到达大厅处,必不可少的导向要素包括:航班到达显示牌、信息板,市区交通图等便携印刷品,前往其他航站楼的导向标志,公共交通(机场巴士、出租车、公共汽车、地铁、轻轨等)车站导向标志和停车楼(场)导向标志。

另外,大厅出口内侧上方应有出口位置标志,出口外侧上方应设置到达位置标志和公共交通车站平面图。

(三)机场地区导向系统

机场地区导向系统是可以为出、入机场地区的人员及车辆提供交通导向信息的系统。

1.设置范围

其导向要素的设置范围为机场地区停车楼(场)、公共交通车站及道路。

2.航站楼

对于有多个航站楼的机场而言,应在各航站楼设置醒目的编号。航空公司专用航站楼或专用区域应在出发大厅入口设置相应的标志。

3.停车楼(场)

停车楼(场)首先应设置醒目的编号以给予提醒。同时应当在其入口外侧设置停车场标志,内侧设置禁行标志;在出口内侧设置出口标志,外侧设置禁行标志,避免发生意外。

另外,停车楼(场)应分区,且停车泊位应编号。停车楼的停车泊位编号应便于记忆与寻找,宜由楼层、区位和泊位顺序组成。在每一停车区,停车区编号和停车泊位编号区段标志不可或缺,且停车区编号尺寸应明显大于停车泊位编号尺寸。

最后,每一停车区都应设置停车楼(场)出口和电梯导向标志。在其人行通道出入口、电梯口则设置停车楼(场)平面示意图和前往航站楼及其他设施的导向标志,包括航站楼及其他设施的平面示意图和信息板。

4.公共交通车站

在机场公共交通(机场巴士、出租车、公共汽车、地铁等)车站,相应的位置标志、线路图及线路号都应明示。

5.道路

在机场的道路交叉路口应设置通往各航站楼、停车场和市区道路的导向标志。

三、铁路旅客车站

国家标准 GB/T 15566.3—2007《公共信息导向系统 设置原则与要求 第 3 部分:铁路旅客车站》中指出:以铁路车站内旅客活动路线为依据,可将我国铁路车站导向系统分为站前广场导向系统、进站导向系统及出站导向系统三个子系统。铁路车站同机场相似,其内部的导向要素也是多种多样,包括位置标志、导向标志、平面示意图、信息板、流程图及便携印刷品。

(一)站前广场导向系统

按定义来讲,站前广场导向系统是引导旅客进、出站前广场的导向系统。

1.设置范围

站前广场导向系统的导向要素设置范围为整个站前广场,并可适当延伸至与站前广场邻近的路口或公共交通站点(包括公共电车、公共汽车、出租车、地铁、轻轨等各类市内公共交通工具的站点)。

2.来站导向

在来站导向工作中,我们主要在四个位置点设置导向要素。

(1)在与铁路车站邻近的公共交通站点附近,应为行人设置铁路车站的导向标志(见图 2-76)。若公共交通站点距离铁路车站较远,需要经过街天桥或地下通道进入铁路车站,则需连续设置铁路车站的导向标志。

图 2-76 火车站导向标志示例

(2)在与铁路车站邻近的主要路口处,应为机动车辆设置铁路车站的导向标志。

（3）在铁路车站附近停车场的行人出口处，应设置铁路车站的导向标志。

（4）在站前广场客流较集中的位置，应设置进站口、售票厅、行包房和出站口等场所的导向标志，在条件允许时，也可设置铁路车站的总平面示意图。

当然，当进站口、售票厅、行包房、出站口等位置标志不能满足站前广场上旅客的需要时，增设相应的导向标志工作是必不可少的。

3.离站导向

相较于进站而言，出站可以在更多的位置点设立导向要素。

（1）在站前广场邻近出站口的适当位置，应设置停车场、行包房及站前广场范围内的公共交通站点等设施的导向标志。

（2）在站前广场邻近出站口的适当位置，应设置站前广场范围内各路公共电、汽车的运行线路图。

（3）在站前广场邻近候车室、售票厅、行包房等场所出口的适当位置，应设置站前广场范围内的公共交通站点、停车场等设施的导向标志。

（4）站前广场范围内的公共交通站点、停车场等设施处应设置相应的位置标志，公共交通站点内的导向信息设置应符合 GB/T 15566.4 的有关要求，关于该标准，我们将在下节内容中讲述。

（5）站前广场范围内的过街地下通道或过街天桥的入口处，应设置地下通道或人行天桥的相应位置标志。

（6）在站前广场内旅客较集中的位置宜设置街区导向图。

（7）在站前广场外离站旅客流线上的适当位置，宜设置站外邻近站前广场的过街地下通道或过街天桥的导向标志，并宜在导向标志上标注大致的距离（见图 2-77）。

图 2-77　过街天桥导向标志示例

(8)在站前广场外离站旅客流线上的适当位置,宜设置附近公共交通站点的导向标志。

4.联络导向

联络导向主要是为旅客在需要去往不同地点时提供一个联络标志,旅客根据标志找到自己的目的地。主要体现在四个地点处:在广厅出口外侧应设置售票厅、行包房等场所的导向标志,在售票厅出口外侧应设置候车室、行包房等场所的导向标志,在行包房出口外侧应设置候车室、售票厅等场所的导向标志,在站前广场邻近出站口的适当位置应设置售票厅、中转签证处、行包房的导向标志。

(二)进站导向系统

进站导向系统是引导客流进站上车的导向系统。

1.设置范围

其导向要素设置范围为从旅客站房入口开始至站台。

2.通则

通常地,在旅客站房出口一侧上方应设置出口的位置标志(见图2-78),旅客站房内的公共设施,如电梯、楼梯等,也要设置相应的位置标志。

图 2-78 出口位置标志示例

3.售票厅

在进入售票厅时,其入口上方应设置售票厅的位置标志。办理时,自动取/售票窗口、退票窗口和中转签证窗口都应设置相应的位置标志;当有多个售票窗口时,售票窗口应编号。在售票厅的内部,应当设置车站平面示意图及售票信息显示牌。售票信息显示牌应显示车次、始发站、终到站、本站开车时刻、日期、剩余票额等信息。

4.行包房

首先，在行包托运处和行包提取处的入口上方应设置相应的位置标志。同时，在行包托运处和行包提取处内应分别设置行包托运流程图和行包提取流程图。其次，在行包房内宜设置车站平面示意图。行包提取处内还应设置行包到达信息显示牌或电脑触摸屏等设施。

5.广厅

广厅是指在站房入口处与各种用房相连通并起通过和分配人流作用的大厅。在其上方应设置进站口位置标志。在其内部环境里，应设置候车室和会合点的位置标志，同时也要有车站平面示意图和候车信息显示牌，候车信息显示牌宜显示车次、始发站、终到站、本站开车时刻、候车地点等信息。当站房内的服务设施所在的楼层不同时，广厅内宜设置服务设施的信息板。在广厅内问讯处或平面示意图所在位置要摆放供免费取阅的便携印刷品。

6.候车区域

候车室（通用）、母婴候车室、软席候车室均应用相应的图形标志来表示，若同时存在两个或多个同类型的候车室时应通过编号加以区分。当然，一个车站也许有多个不同候车室，在此种情况下，宜在连接各候车室的主要通道内设置候车室导向标志。

进入候车室时，其入口上方应设置候车室的位置标志和候车车次信息牌。候车车次信息牌宜显示在该候车室候车的车次信息。在候车室的检票口处，也要设检票口的位置标志（见图2-79）和检票车次信息显示牌。检票车次信息显示牌宜显示车次、始发站、终到站、开车时刻、停靠站台和状态等信息。

注：状态信息的内容包括正点、晚点、正在检票、停止检票等。

图 2-79　检票口位置标志示例

7. 天桥或地道

在天桥上或地道内，站台导向标志和其所通向站台的信息显示牌必不可少。站台信息显示牌宜显示当前发（到）车次、始发站和终到站等信息。

8. 站台

站台是供旅客乘降的重要设施，因此站台上的导向要素显得尤为重要。当有两个或多个站台时，在站台上应设置站台编号标志。站台的编号应从基本站台起始，中间站台的两侧宜分别编号（见图 2-80）。当车站较大型时，其站台上应设置站台信息显示牌，显示发（到）车次、发（到）时间、发（到）站、晚点变更等信息。中间站台上的站台信息显示牌，应能够同时显示站台两侧的列车信息，且信息间应有明显区分，为的是能使旅客看到及时更新的列车消息。沿站台走向，则应有车厢编号顺序牌，显示车厢编号排序、发（到）车次、发（到）站等信息。停靠站台的旅客列车车厢出入口处也应设置车厢编号标志。

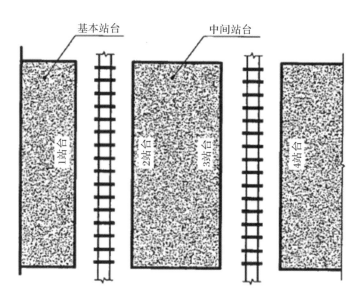

图 2-80　站台编号示意图

（三）出站导向系统

出站导向系统是引导下车客流离站的导向系统。

1. 设置范围

其导向要素的设置范围为站台开始至出站口。

2.站台

站台上应设置站名标志及出站口导向标志。

3.地道或天桥

通往出站口的地道或天桥入口处，以及地道内或天桥上，应设置出站口的导向标志及各站台的导向标志。

4.出站口

当旅客到达出口处时，应当可以见到出站口位置标志。在其外侧应有到达车次信息的显示牌。车次到达信息显示牌宜显示到达车次、始发站、终到站、到达时刻、停靠站台、晚点变更等信息。在出站口旁，还应放置城区简明地图以及提供住宿服务、旅游咨询、旅游接待等导向信息。

四、公共交通车站

国家标准 GB/T 15566.4—2007《公共信息导向系统　设置原则与要求　第 4 部分：公共交通车站》中指出：公交车站导向系统包括以下三个相对独立的子系统：城市轨道交通（以下简称轨道交通）车站导向系统、公共汽车（无轨电车）车站导向系统及出租汽车车站导向系统。

(一)轨道交通车站导向系统

按乘车流向，该导向系统可分为：进站导向、候车导向、换乘导向及出站导向。

1.进站导向

(1)设置范围。

导向要素的设置范围主要包括车站入口周围 300m 内及车站入口至检票处(口)。

(2)轨道交通车站。

邻近轨道交通车站的主要道路边、公共汽车（无轨电车）车站附近、主要公共设施等处，应设置轨道交通车站导向标志。当其入口附近设有停车场时，应在邻近的道路附近设置指示停车场的导向标志，同时应在停车场入口处设置位置标志，在行人出口处设置车站导向标志。另外，轨道交通车站独立的地面设施顶部，应设置轨道交通车站站名，其观察距离，昼夜均不应小于 60m。地面车站及独立的车站入口，站名标志宜多处设置或一处设置多面显示，如图 2-81 所示。当轨道交通车站入口附属于其他建筑时，可设置单面或双面显示的站名标志。

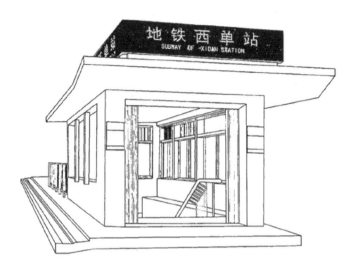

图2-81　轨道交通车站站名标志示例

（3）车站入口。

如车站入口位于过街通道内，则应在过街通道的入口处设置车站及车站入口的导向标志，在车站入口处设置车站位置标志。同时在车站入口处的适当位置，应设置轨道交通站名标志及盲文站名标志；如车站入口较多，宜对各入口统一编号，并在入口处的适当位置设置入口编号位置标志（包括盲文入口编号标志）。

（4）楼梯、扶梯、电梯。

在进出站共用的楼梯、通道地面或墙壁等处，应设置进出区域标线及进出指向的连续箭头，这样可分开进出站客流，使乘客有序进出站。同时也要在无障碍电梯的乘梯处、下行自动扶梯设施的起始处设置位置标志以提醒乘客。

（5）集散厅（包括站厅层、站厅、售票厅等）。

在集散厅的入口处，应设置售票处、检票处（口）的导向标志。售票处、售票设施、检票处（口）也应设置相应位置标志，帮助旅客进行购票检票等活动。同时，集散厅内应设置轨道交通线路图、车站平面示意图及相应的便携印刷品。集散厅中的其他服务设施，包括公用电话、卫生间、问讯处、自助IC卡查费装置，同样需要设置相应位置标志，并视需要设置导向标志。

2.候车导向

（1）设置范围。

候车导向的设置范围包括检票处（口）内至站台，此处的站台应当包括站台层。

（2）站台。

当乘客处于站台入口处时，其应有站名标志、站牌标志及列车运行方向标志，若为岛式站台的站台入口处，则需设置双方向列车运行方向标志，如图 2-82 所示。另外，站台应设置轨道交通线路图及车站平面示意图。如若站台有公用电话、卫生间、问讯处、自助 IC 卡查费装置等服务设施，同样需要设置相应位置标志，并视需要设置导向标志。

图 2-82 岛式站台入口处设置的双方向列车运行方向标志示例

在站台屏蔽门的设置上，可安装屏蔽门装置；未安装屏蔽门装置，但运营车辆车型统一且编组数固定一致时，站台地面施划候车标线，划分下车区、候车区，则可有效分开上下车客流。在站名的设置上，宜在站台面向列车一侧的柱子上及站台侧墙上的适当位置，以附着式方式设置站名；站台边缘无可承载的构筑物时，可采用悬挂式方式设置站名。

3.换乘导向

（1）设置范围。

换乘导向设置范围为换乘站的站台、集散厅、楼梯、通道、换乘处（口）等。

（2）设置要求。

当同一城市有两条以上轨道交通线路时，为方便乘客识别，除使用线路序号或名称外，还应用不同的颜色作为线路识别色，并将线路识别色应用于车站信息导向系统及轨道交通列车的车身。

特别地，同站换乘三条以上线路，当换乘方式为立体换乘且同时向上（或向下）指向时，应将最先到达的站台（或线路）排到首位，依次进行导向。当采用平面换乘方式时，应按先近后远的顺序,将最近线路排到首位,依次导向。

换乘站的站台应提供换乘信息,包括可换乘的线路编号或名称、换乘线路导向等;换乘通道、集散厅、站台,应设置轨道交通线路图、换乘的导向标志,提供换乘信息;换乘通道有自动步道设施时,应设置导向标志。

4. 出站导向

(1)设置范围。

出站导向设置范围包括站台、验票处(口)、补票处(口)、集散厅、通道、出站口。

(2)设置要求。

在出站时,我们经过的路线点基本有 3 个。

首先是站台。站台应设置出口导向标志,并宜标注出口名称、出口外的主要公共设施等。站台地面、楼梯可施划出站指向的箭头符号。

其次来到出站验票处(口)和集散厅。出站验票处(口)、集散厅的出口处应设置位置标志;一些乘客可能有丢票现象,那么验票处(口)附近应设置补票处(口)导向标志;补票处(口)、补票设施附近应设置相应位置标志。另外,站台、集散厅等处还可设置街区导向图,以方便陌生乘客对城市的总体认识。最后,集散厅出口处、通道岔路口应设置出站口导向标志,并应明确标示车站出口名称、该出口外公共汽车(无轨电车)的种类及具体线路号、其他主要公共设施等。可在通道地面、墙壁设置出站箭头符号,指示出站方向。

来到车站出口后,外面的适当位置处也应有街区导向图供乘客参考。

(二)公共汽车(无轨电车)车站导向系统

标准中指出公共汽车(无轨电车)车站导向系统由以下导向要素构成:站牌、站名、位置标志、标线、运行线路图及街区导向图。

1. 站牌

我国城市的站牌主要分为两种,一为双面,一为单面。双面站牌牌面正面应包括线路号、本站站名、下站站名、开往方向的终点站站名、公共汽车(无轨电车)图形符号等内容,反面则有线路号、本站首末车时间、车辆种类名称、全线各站站名(突出显示本站站名)、运行方向等。单面站牌牌面则需要包括双面站牌正反面的全部内容。同时,站牌应面向车辆进站方向设置。双面设计的站牌,应正面面向车辆进站方向,单面设计的站牌两面应均设置,即站牌的正反面都印有相同的单面站牌的内容。

在站牌的设置方式上,停靠不多于两条线路车站的站牌时,宜采用柱式方式设置,站牌下沿(或站牌托架下沿)距地面的高度,不宜低于 1.90m。停靠多条线路车站的站牌时,宜采用框架式方式集中设置,但同一框架内,站牌数不宜多于 4 块,且最下面一块站牌的下沿距地面的高度,不宜低于 1.00m。两个以上框架的设置,应使框架垂直于车辆进出站方向且单行排列。

为方便特殊人群的出行,车站也应设置盲文站牌。站牌下沿距地面的高度不宜低于 1.00m,总高度不宜高于 1.60m。

2.其他要素

在车站处,首先应有明显的站名标志及相关车辆运行线路图、街区导向图。若车站无引导乘客乘降护栏的,宜在地面施划候车标线,确保有序上下车。

在多条公共汽车(无轨电车)线路共用的交通枢纽站处,其周边应设置导向;标志交通枢纽站建筑设施的顶部、入口处应设置该枢纽站的名称及入口标志;入口及站内的适当位置应设置车站平面示意图、相应线路候车导向标志;在候车廊边应设置相应线路站牌及发车显示装置。当交通枢纽站在地下或建筑物内时,应保证所设导向要素的照明。

在多条公共汽车(无轨电车)线路共用的非交通枢纽站处,如若采用区域候车的方式形成若干候车站台,在每个候车区域内除应按规定设置相应站牌外,还应设置明显的车辆线路位置标志。

(三)出租汽车车站导向系统

在出租汽车车站导向系统中,出租汽车站位分为出租上下站和出租停靠站两种。

1.出租上下站站牌

应按规定在地面用虚线施划方框,并在框内标注"出租上下站"字样,还应设置出租上下站站牌。站牌内容应包括出租车图形符号、"出租汽车"和"即停即走"等文字(见图2-83)。同时站牌宜采用柱式设置方式,站牌下沿距地面的高度不宜低于 1.90m。

图 2-83　生活中常见的出租车上下站站牌

2.出租停靠站站牌

应按规定在地面用虚线施划方框,并在框内标注"出租车停靠站"字样,还应设置出租停靠站站牌。站牌内容应包括出租车图形符号、"出租汽车"和"固定停靠站"等文字(见图 2-84)。站牌宜采用框架式设置方式,站牌下沿距地面的高度不宜低于 1.50m。

图 2-84　生活中常见的出租车停靠站站牌

3.盲文站牌

车站除设置普通站牌外,还宜设置盲文站牌。盲文站牌下沿距地面的高度不宜低于 1.00m,站牌总高度不宜高于 1.60m。

(四)导向系统的衔接

不同的导向系统间的相互连接,使整个城市导向系统更为完善,为老百姓的出行提供了便利。

1.子导向系统间的衔接

在公共交通车站的 3 个子系统:

(1)轨道交通车站设置的街区导向图中,应用图形符号标示在该车站地面所有公共汽车(无轨电车)车站的位置及线路。

(2)轨道交通车站地面出口附近应设置指示邻近公共汽车(无轨电车)的线路和方向的导向标志。

(3)公共汽车(无轨电车)车站设置的街区导向图,应标明设置范围内所有轨道交通车站,并在相应位置标示出轨道交通车站站名及线路。

(4)在邻近轨道交通车站的公共汽车(无轨电车)车站附近,应设置轨道交通车站导向标志,以方便从公共汽车(无轨电车)下车的乘客换乘轨道交通。

(5)出租汽车固定停靠车站设置街区导向图时,应标明设置范围内的公共汽车(无轨电车)、轨道交通车站的站名和线路。

2.交通枢纽站导向系统的衔接

在交通枢纽站导向系统中,除应多处设置枢纽站平面示意图外,还应设置服务设施的导向标志及位置标志,并视情况设置信息板。同时,在轨道交通车站层,公共汽车(无轨电车)专用层,出租汽车专用区的出口处、通道内等处,应设置换乘其他交通工具的导向标志。

3.公交车站导向系统与其他导向系统的衔接

民用机场、铁路旅客车站附近(内)、长途汽车站及轮渡码头、缆车(索道)站附近的公交车站,应设置民用机场、铁路旅客车站、长途汽车站、轮渡码头、缆车(索道)站的导向标志。

五、购物场所

国家标准 GB/T 15566.5—2007《公共信息导向系统　设置原则与要求　第 5 部分：购物场所》中指出：根据导向系统的功能，购物场所导向系统由交通导向系统和购物导向系统这两个相互关联的子系统构成。

(一)交通导向系统

交通导向系统是引导顾客进入和离开购物场所的导向系统。

1. 设置范围

交通导向系统的设置范围为临近购物场所的道路、道路平面交叉口、公共汽车(无轨电车)车站和城市轨道交通车站至购物场所。

2. 设置要求

在设置上，主要有五个场所需要进行设置。

在购物场所主要临近路口、道路平面交叉口前 100 至 200m 处，应为顾客设置购物场所入口的导向标志，并为车辆设置机动车停车场导向标志。

在临近购物场所的城市轨道交通车站的出口和公共汽车(无轨电车)车站，宜设置购物场所的导向标志。

机动车停车场处应设置位置标志，同时其内部应设置车辆出口导向标志。需要注意：机动车停车场和自行车停放处的导向标志宜分别设置。若机动车停车场设置在室外供顾客使用，在其出口处宜设置购物场所主要入口的导向标志；设置在地下的内部应为顾客设置购物场所入口、楼梯和电梯的导向标志。

在购物场所的主要入口处，应设置醒目的购物场所标志。

在购物场所主要出口的适当位置，宜设置街区导向图以及该出口附近的机动车停车场、公共汽车(无轨电车)车站、城市轨道交通车站和临近道路的导向标志。

(二)购物导向系统

购物导向系统是向顾客提供商品分布和销售信息的导向系统。根据商业设施经营特点，购物导向系统分为以下四类：超市、百货店、摊位式市场及购物中心。

1. 设置范围

购物导向系统的设置范围为购物场所建筑物内部空间。

2.图形标志与文字

图形标志的信息主要有三种：对于表示公共设施信息的图形标志（如公共卫生间、楼梯、电梯等）来说，不宜带辅助文字。同类但功能相异的公共设施的图形标志应带辅助文字，且辅助文字应准确，如"自动扶梯""自动坡道"。若图形标志表示购物信息，则应使用 GB/T 10001.1 和 GB/T 10001.5 中规定的图形符号并宜带辅助文字，这两个标准均在第二章中有所涉及。

对于文字而言，图形标志的辅助文字应根据具体情况确定，例如 GB/T 10001.1 中含义为"结账"的图形符号，在购物场所中其辅助文字为"收银"，图 2-85 给出了相应的设计示例。

图 2-85　购物场所图形标志设计示例

3.导向要素

对于导向要素的设置，主要要求有 9 点，具体如下：

（1）位置标志应突出醒目，如果位置标志在有效观察范围内，则不宜重复设置相应的导向标志。

（2）应在公共设施（如公共卫生间、公用电话等）上方或临近位置设置位置标志，如果公共设施在有效观察范围内特征突出且易于辨认，则不宜设置位置标志，除非该标志能起到导向的作用。

（3）应在各楼层的主要通道上方悬挂指示所在楼层的楼梯、自动扶梯、客梯、公共卫生间和公用电话等的导向标志。

（4）当同一标志上既有购物导向信息又有公共设施导向信息时，两类信息应各自集中排列，且用不同的颜色区分，或者两类信息间的间距应大于同类信息间的间距。

（5）应在客流量大的显著位置（如超市主要入口附近）设置平面示意图。

（6）应在自动扶梯（或自动坡道）尽头上方且垂直于运行方向设置购物信息板，提供当前层的购物信息。应在自动扶梯（或自动坡道）起步处上方且垂直于运行方向设置导向标志,提供相邻层的购物信息。自动扶梯标志设置示例参见图 2-86。

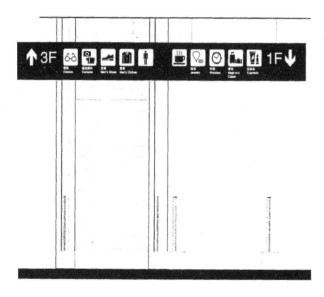

图 2-86　自动扶梯(交叉式)标志设置示例

(7)应在楼梯入口处设置购物信息板,提供当前层和相邻楼层的购物信息,且当前层的位置信息应用"本层"表示。

(8)应在电梯内或外部设置总信息板,提供购物场所各楼层的购物信息,电梯外部设置的信息板应突出显示当前层的信息。

(9)应在自动扶梯、自动坡道的起步处设置安全提示标志。

4.超市

超市的各处设施都应设有相应的位置标识和导向标志,具体来说有服务中心、购物车、购物篮、婴儿车及称重处。另外,在每层楼层入口附近应设置平面示意图。平面示意图应标注示意范围内各区域销售商品的大分类,如"家居用品""家电""食品"等。同时充分利用超市常用的便携印刷品为顾客提供购物信息,如在促销海报的背面提供各楼层购物信息等。

在商品的布局方面,应根据超市规模、商品布局和顾客流线,设计涵盖商品种类尽可能多、购物路线长度适宜的导向路线,并在此基础上设置导向标志和位置标志。

超市对商品分类后,一般将同类商品集中销售。常见的有 3 种分类方法:大分类、中分类、小分类。

(1)大分类:按照商品特性进行分类,如"服装""家电""家居用品""食品""畜产品"等。

（2）中分类：在大分类的基础上细分出来的类别。常见的中分类方法主要有：

按商品功能与用途划分。如在"食品"这个大分类下，可分出"乳制品""豆制品""冷冻食品"等；

按商品加工方法划分。如在"畜产品"这个大分类下，可分出"腊肉""熏肉""火腿"和"鲜肉"等；

按商品产地、来源划分。如在"水果"这个大分类下，可分出"国产水果""进口水果"等。

（3）小分类：在中分类的基础上进一步细分的类别。常见的小分类方法有：

按功能用途划分。如在"畜产品"大分类、"猪肉"中分类下，可进一步细分出"排骨""里脊肉""猪肝"等；

按规格包装划分。如在"食品"大分类、"饮料"中分类下，可进一步细分出"听装饮料""瓶装饮料""盒装饮料"等；

按商品成分划分。如在"日用品"大分类、"鞋"中分类下，可进一步细分出"皮鞋""布鞋""塑料鞋"等；

按商品口味划分。如在"食品"大分类、"饼干"中分类下，可进一步细分出"甜味饼干""咸味饼干""奶油饼干"等。

根据购物场所的商品分类方法和商品布局对标志进行设置，设置方法有以下三类：

（1）A 类标志：提供所售商品的大分类信息和本层出口信息的导向标志，应在主通道上方和拐弯处设置。

（2）B 类标志：提供所售商品的中分类信息的导向标志，应在主通道上方和拐弯处设置。

（3）C 类标志：提供临近货架所售商品的小分类信息的位置标志，应在货架两端设置。

最后，在结算区域，首先应当设置"无购物通道"的位置标志作为未购买商品的顾客的出口通道。当超市设有多个收银台时，宜对收银台编号。若存在服务功能不同的收银台（如设有使用银行卡结账的收银台）时，收银台的位置标志和导向标志的文字辅助标志应区别于普通收银台，如"银行卡收银台"。结算区域所在楼层，应在主通道上悬挂结算区域导向标志。同时应在结算区域的通道出口处设置公共信息的导向标志，如服务中心、礼品包装、超市出口和停车场等。

5.百货店

百货店中导向标志必不可少。在服务中心、百货店出口所在楼层的主要通道上方应设置指示服务中心、出口的导向标志;在超市、餐饮区域的相邻楼层的主要通道上方应设置超市、餐饮的导向标志,指向通往超市、餐饮区域的楼梯入口;如店内设有座椅等休息设施的休息区,也要设置相应的导向标志;同时,在休息区、餐饮区域的主要出入口设置各楼层的购物信息板和本楼层的平面示意图以及公共卫生间、自动扶梯、电梯和楼梯的导向标志。但需注意:货梯应仅设位置标志。此外,在顾客聚集处(如出入口、自动扶梯、客梯等)宜提供购物指南类便携印刷品,方便顾客购物。

另外一种重要的导向标志属于自动扶梯,百货店中常见的自动扶梯的导向标志设置分为集中式和分散式:

(1)集中式:如自动扶梯呈交叉式布置(如图 2-87a 所示),则在店内通道上方应设置"自动扶梯"的导向标志,并应在自动扶梯附近设置"上行自动扶梯"和"下行自动扶梯"的位置标志;如自动扶梯呈并行式布置(如图 2-87b 所示),则仅需在店内通道上方设置"自动扶梯"的导向标志。

(2)分散式:应在店内通道上方设置"上行自动扶梯"和"下行自动扶梯"的导向标志。

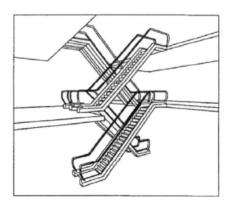
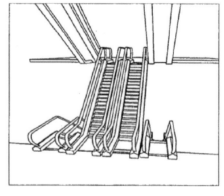

a)交叉式　　　　　　　　　　　b)并行式

图 2-87　集中式自动扶梯布局示例

6.摊位式市场

对于摊位式市场而言,首先应当按照市场布局建立商品销售区域和摊位编号,平面示意图、导向标志和位置标志中的相关文字均应含有商品销售区域和摊位编号。同时在入口设置市场平面示意图,提供市场内部布局的信息。在不同楼层的主要通道上方应采用悬挂方式设置导向标志,提供所在购物区域的名称、本层其他购物区域的方向、摊位编号分布、电梯、楼梯和公共卫生间等信息。当市场是分厅、分区经营时,入口的位置标志则应指示具体的"厅""区",如"服装厅入口"。当公共卫生间、公用电话设置在市场外部时,应在市场的出入口附近设置相应的导向标志。

7.购物中心

应在购物中心主要入口设置各楼层信息板,在各楼层的主要入口设置本楼层平面示意图。信息板和平面示意图应提供店面信息以及电梯、楼梯和公共卫生间等信息。同时在购物中心内的超市、百货店所在楼层的楼梯、电梯入口处及主要通道上方设置超市、百货店的导向标志。

六、医疗场所

国家标准 GB/T 15566.6—2007《公共信息导向系统设置　原则与要求　第6部分:医疗场所》中指出:根据就医流程,医疗场所导向系统由诊前导向系统、就诊导向系统及诊后导向系统这三个相互关联的子系统构成。

(一)诊前导向系统

诊前导向系统是为人员进入医疗场所而提供就诊信息和公共设施信息的导向系统。

1.设置范围

该导向系统设置范围为医疗场所内所有建筑物外部空间(含地下停车场),以及周边主要交通设施和路口。

2.通则

首先明确两个概念:就诊信息应包括自成一区并且功能相对独立的建筑物(急诊部、门诊部、住院部和传染科等)的信息和医疗场所位置信息,公共设施信息应包括公共卫生间、停车场、无障碍通道等。

对将要就诊的人员而言,医疗场所外的导向标志十分重要。因此,在医疗场所主要临近路口、道路平面交叉口前 100—200m 处就应为就诊人员设置医疗场所入口的导向标志,并为车辆设置机动车停车场导向标志。同时,在临近医疗场所的城市轨道交通车站的出口和公共汽车(无轨电车)车站设置医疗场所的导向标志。另外,医疗场所内主要道路两侧应设置建筑物入口的导向标志。道路两侧的公共设施应设位置标志。

3.入口

在医疗场所的入口处,应设置4个导向要素:

(1)在医疗场所主要入口处设置醒目的医疗场所名称。

(2)在医疗场所主要入口内及建筑物外的适当位置,设置医疗场所建筑分布的平面示意图,提供有关建筑物及公共设施的分布信息。

(3)在医疗场所主要入口内的适当位置,为有专用出入口的建筑物设置导向标志。

(4)在车辆入口处设置机动车停车场导向标志。当机动车停车场位于医疗场所外时,宜在入口外设置机动车停车场导向标志,宜在机动车停车场的人员出口处设置医疗场所的导向信息。

4.停车场

若为地下机动车停车场,应为行人设置不同地面建筑物人员出口处的导向标志,且行人导向标志不应与车辆导向标志混设,同时在出口用信息板提供相应建筑物内的主要医疗信息。若为露天机动车停车场,人员出口处应设置门诊部、急诊部、住院部和传染科室等主要建筑物的导向信息。

(二)就诊导向系统

就诊导向系统是为患者在医疗场所内活动提供医疗信息和公共设施信息的导向系统。

1.设置范围

就诊导向系统的设置范围为医疗场所内的建筑物内部空间。

2.通则

首先对图形标志和辅助文字做出相关规定。表示通用公共设施信息的图形标志,包括楼梯、电梯、公共卫生间、公用电话及饮水处等,不宜带辅助文字。表示医疗信息的图形标志应使用GB/T 10001.1和GB/T 10001.6中规定的图形符号并宜带辅助文字,如"心外科"。图形标志的辅助文字应根据具体情况确定,例如GB/T 10001.1中含义为"电梯"的图形符号,根据实际情况,其文字辅助标志可为"专用电梯"。当同一标志上既有医疗导向信息又有公共设施导向信息时,两类信息应各自集中排列,且用不同的颜色区分或者两类信息间的间距应大于同类信息间的间距。

医疗信息的提供方式和相关导向要素的设置应根据挂号、候诊、诊断、检查、收费、药房和住院等主要医疗环节综合规划。若医疗科室按类别集中设置，则在设置导向要素时，应遵循先一级医疗科目、后二级医疗科目的原则，如在"呼吸内科"的导向路线设计中，应先给出"内科"的导向标志，然后再给出"呼吸内科"的导向标志。

特殊地，需说明的是，外科或内科专业科室在 GB/T 10001.6 中没有相应的图形符号，并且图形标志的边长大于 10mm 时，应使用 GB/T 10001.6 中的通用外科符号或通用内科符号，并按 GB/T 20501.1 的要求形成图形标志，此时应附加文字说明。图 2-88 给出了利用通用内科符号设计血液内科图形标志的示例。且外科或内科专业科室在 GB/T 17695 中没有相应的图形标志，并且图形标志的边长为 3—10mm 时，应使用 GB/T 17695 中的通用外科标志或通用内科标志，此时应附加文字说明。图 2-89 给出了利用通用外科标志设计整形外科图形标志的示例。

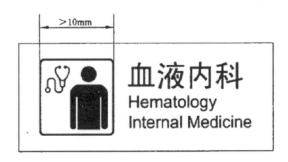

图 2-88　通用内科符号具体应用示例

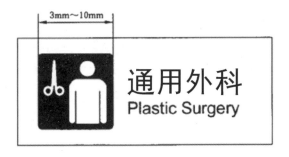

图 2-89　小尺寸的通用内科符号具体应用示例

3. 导向要素的设置

在医疗诊所，所有有需要的位置都应设置"请勿吸烟""保持安静"等图形标志。所有具有明确功能的区域应在其出入口设置位置标志，如"门诊部""住院部"。

医疗场所的建筑物内可设置导向线。导向线的起始点应是门诊部、门厅、楼层主要入口处和主要导向节点处。导向线的目的地宜是所在楼层内主要科室或主要服务设施（如收费处）等。

在不同的地点，应时时刻刻给出就医信息以供就医人员参考。比如说：应在出入口、门诊部门厅、楼梯和电梯附近以及主要导向节点处设置平面示意图和信息板（平面示意图应给出建筑设施分布信息或示意区域内主要医疗信息，信息板应给出区域内主要医疗信息）。应在门诊大厅、住院部大厅等建筑设施入口附近，设置相关就医流程图并给出主要就诊程序。在电梯内部和（或）电梯外部墙面的显著位置，应设置各楼层的信息板（见图 2-90）。楼梯口附近应设置导向标志以提供相邻楼层的信息，或设置包含上、下层和本层信息的信息板，同时电梯外部和楼梯口的适当位置宜设置本层平面示意图，以此点作为本层的导向出发点，来设置本层主要科室或主要服务设施的导向标志和导向线。

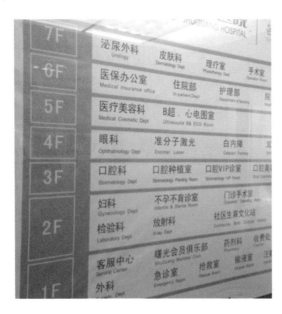

图 2-90　生活中医疗场所电梯导向示意图

4.门诊部

首先，门诊部的入口或门厅应设置门诊部平面示意图或信息板，提供门诊部科室分布信息；宜提供便携印刷品，设置专科及专家介绍牌、科目一览表、专家门诊动态一览表等。其次，挂号处、咨询处、收费、药房、治疗等医疗服务科室等都应设置位置标志，并根据需要设置导向标志。另外,可根据情况在挂号处用导向线给出主要科室的导向信息,收费处宜用导向线给出药房、主要检查科室的导向信息。当然,也可根据情况设置预检分诊处的位置标志。

5.医疗科室

医疗科室的专用入口处应设置标志,如"儿科""肠道科"。其门口也同样需设置位置标志。位置标志的文字内容宜根据二级医疗科目确定,如"呼吸内科"。特别地,放射科、核医学科和传染科等科室的附近应按照 GB 2894 设置相应的图形标志。同时,应在需要的位置设置"禁止使用手机"图形标志。在设计医疗科室的各导向要素时,也可用区域标志色区分清洁区、半清洁区和污染区。

6.急诊部

急诊部作为实施紧急工作的部门,从医疗场所入口处至急诊部入口都应设置连续的导向标志,并宜设置导向线。同时,急诊部的出入口或门厅应设置急诊部平面示意图或信息板,并应设置挂号处、药房、收费处、主要检查科室等的导向标志。当急诊部与门诊部或其他医疗科室合用医疗设施(化验、B 超、CT 等)时,如导向路线较长,则应在路线上以适当的间隔重复设置导向标志。更为重要的是,急诊部相关的导向标志和位置标志应保证在夜间和紧急情况下可见。

7.住院部

住院部首先应设置出入院接待的位置标志,可根据需要设置导向标志。在入口、门厅或入院接待处也应设置住院部的平面示意图或信息板。每一护理单元的入口处应设置位置标志以及本护理单元病房、病床、护士站的导向标志;各护理单元病房、病床应设置病房编号、病床编号的位置标志;护士站宜设置位置标志。对于特殊设施,应设置位置标志,如"污洗室"。

8.传染科

传染科的入口应设置位置标志、平面示意图或信息板。不同的病种所属区域的入口应设置位置标志。因传染科的性质特殊,需严格按照使用流程,设计患者的通行路线并设置相关导向标志和位置标志。

(三)诊后导向系统

诊后导向系统是为患者就诊后离开医疗场所提供公共设施信息和交通信息的系统。

1.设置范围

诊后导向系统的设置范围为医疗场所内所有建筑物外部空间(含地下停车场)。

2.通则

主要就诊通道上应设置所在建筑主要出口的导向标志,以方便患者就诊完毕后离开。同时应在建筑物外部主要道路两侧,设置医疗场所主要出口和机动车停车场的导向标志,宜提供周边道路信息。

3.停车场

在机动车停车场内,应为车辆设置停车场出口导向标志。同时在出口的适当位置为车辆提供医疗场所主要出口的导向标志;若有多个出口时,宜在机动车停车场出口的适当位置为车辆提供周边道路的信息并设置相关导向标志。

4.出口

在医疗场所的出口内的适当位置,应设置街区导向图,城市轨道交通车站、公共汽车(无轨电车)车站等交通设施的导向标志,周边道路的导向标志等导向要素。

七、运动场所

国家标准 GB/T 15566.7—2007《公共信息导向系统　设置原则与要求　第 7 部分:运动场所》中指出:根据运动场所内的人员活动路线,医疗场所导向系统由到达导向系统、离开导向系统及服务导向系统这三个相互关联的子系统构成。

(一)到达导向系统

到达导向系统是引导人员进入运动场所的导向系统。

1.设置范围

到达导向系统设置范围为邻近运动场所的主要路口、公共汽车站或城市轨道交通车站至运动场所中的场地或看台入口。

2.运动场所入口外

在运动场所附近的公共汽车站旁或城市轨道交通车站出口处,宜为行人设置运动场所的导向标志。在邻近运动场所的主要路口处,宜为车辆设置运动场所的导向标志。当运动场所有多个入口时,指向运动场所的导向信息应以最近的入口导向为主。

当停车场位于运动场所外时,宜在车辆到达运动场所入口前的适当位置设置停车场导向标志。停车场行人出口处宜设置运动场所入口的导向标志。

3.运动场所入口至体育建筑入口

运动场所的入口处应设置名称标志,例如"XX 体育馆"。当运动场所有多个入口时,应在名称标志上通过文字区分不同的入口,例如"XX 体育馆北门"或"XX 体育馆 1号门"等。在运动场所入口处或售票处等人员比较集中的场所,应摆放导向用便携印刷品以供人们阅读。同时入口处应设置运动场所的平面示意图及综合导向标志。

对于平面示意图而言,应符合以下要求:

(1)如果运动场所范围较大,应标注出到达主要体育建筑的交通路线。

(2)宜使用不同颜色区分不同的功能区域,并应通过颜色突出运动设施的信息。

综合导向标志则需符合以下要求:

(1)当只有单个体育建筑时,体育建筑的导向标志中宜带有在该体育建筑中所开展的主要运动项目的信息(见图 2-91)。

(2)当有多个体育建筑时,导向标志中应包括每个体育建筑的导向信息(见图 2-92)。

(3)对于大型运动场所,在综合导向标志中除主要提供与体育运动相关的导向信息外,还应提供服务设施的导向信息,宜提供场馆管理的导向。

图 2-91　单个体育建筑的导向标志示例

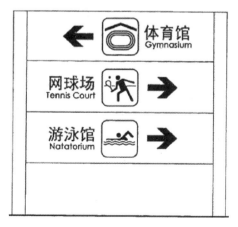

图 2-92　多个体育建筑的导向标志示例

此外，当停车场在运动场所内时，运动场所入口内侧应设置停车场导向标志。停车场人员出口处也可根据需要设置运动场所的总平面示意图和综合导向信息。

到达体育建筑入口处后，入口处应设置该体育建筑的名称标志，并宜辅以体育建筑内所开展的运动项目信息（见图2-93）。

图2-93 体育建筑名称标志示例

4.体育建筑内

首先，对于较复杂的体育建筑，在其主入口处宜设置该建筑内部设施分布的平面示意图。

从体育建筑的运动场地指示角度出发，在进入体育建筑前所需要使用的场所，如售票处、更衣室、租借处等，应根据需要设置相应的位置标志和导向标志。当体育建筑内设有多个独立的专用运动场地时，在体育建筑主入口处应提供各运动场地的综合导向信息（见图2-92）。场地入口处应设置该场地的位置标志。当由更衣室或淋浴室可直接到达运动场地时，应在更衣室或淋浴室内的场地入口设置相应的导向标志和位置标志。

从体育建筑的看台指示角度出发，进入看台入口处应设置该看台的位置标志，当有多个看台且每个看台的入口不同时，各看台入口应编号。看台内的每排座位应设置排编号，每个座位应设置座位编号。

(二)离开导向系统

离开导向系统是引导人们离开运动场所的导向系统。

1.设置范围

离开导向系统的设置范围为体育建筑内部延伸至运动场所出口外。

2.体育建筑内

从离开体育建筑物的指示设置来看，运动场地、看台和体育建筑的出口处都应设置出口标志。运动场地的出口外应设置更衣室、淋浴室、租借处等场所的导向标志,上述场所的入口处应设置相应的位置标志,同时更衣室、淋浴室内应设置该场所出口的导向标志和位置标志。当体育建筑内有多个独立运动场地时,各场地出口外宜提供其他场地的导向信息。

3.体育建筑出口至运动场所出口

首先,在体育建筑出口外应设置运动场所出口的导向标志,当运动场所内有多个体育建筑时,在一个体育建筑的出口外应提供其他体育建筑的导向信息。其次,当停车场位于运动场所内时,在体育建筑出口外应设置停车场的导向标志。

在道路导向方面,在运动场所内的主要道路节点处,应设置运动场所平面示意图。平面示意图中应着重显示到达运动场所不同出口的路径、与运动场所直接相邻的市区道路及出口附近公共交通车站的信息。运动场所的出口处应设置出口的名称标志、周边道路的导向标志及街区导向图。

4.运动场所出口外

在运动场所出口外的适当位置应设置附近的公共交通车站的导向标志。当停车场位于运动场所外时,出口外需设置停车场的导向标志。

(三)服务导向系统

服务导向系统是引导人们在运动场所内进行休息、餐饮、购物等活动的导向系统。

1.设置范围

服务导向系统的设置范围为运动场所内部。

2.设置要求

对运动场所内为人们提供服务的服务设施的具体要求主要有以下5点:

(1)运动场所内的餐厅、商店、卫生间等服务设施应根据需要设置相应的导向标志和位置标志。

(2)运动场地的出口处和看台的出口处均应设置医务急救室的导向标志。在医务急救室的入口处应设置位置标志。

(3)体育建筑内的休息区宜设置相应的导向标志和位置标志。休息区内的设施,如饮水处、公用电话、吸烟室等应设置相应的位置标志。

(4)公共设施,如电梯、楼梯等,宜根据需要设置相应的导向标志和位置标志。

(5)在运动场所入口处或体育建筑的入口处,可根据需要提供运动场所的开放时间、注意事项等信息。

八、宾馆和饭店

国家标准 GB/T 15566.8—2007《公共信息导向系统 设置原则与要求 第 8 部分:宾馆和饭店》中指出:根据宾客的活动流程,宾馆饭店导向系统由宾客到达导向系统、服务功能导向系统及宾客离开导向系统这三个相互关联的子系统构成。

(一)宾客到达导向系统

宾客到达导向系统是为宾客进入宾馆饭店提供导向信息的系统。

1.设置范围

宾客到达导向系统设置范围包括宾馆饭店建筑物以外的区域(含地下停车场)及宾馆饭店周边的主要地铁站、公共交通车站和路口。

宾客到达导向信息包括宾馆饭店位置、总服务台、独立建筑物(如康体娱乐中心、会议中心或某区某号楼等)、主要户外服务区域(如网球场、垂钓区等)及停车场等信息。

2.宾馆饭店周边区域

宾馆饭店周边主要地铁站、公共交通车站和路口附近都应设置宾馆饭店的导向标志,在周边恰当位置还应设置停车场导向标志。

3.宾馆饭店大门入口

在宾馆饭店的入口处外侧应设置宾馆饭店名称的标志;如为敞开式宾馆饭店(没有大门),则应在宾馆饭店建筑物上设置醒目的宾馆饭店名称的标志。同时在入口处内侧应设置停车场导向标志。

如为多体建筑型宾馆饭店,则在其入口处内侧的恰当位置设置宾馆饭店的总平面示意图,以提供宾馆饭店内有关建筑物、主要户外服务区域及停车场的分布信息。同时在其入口处内侧邻近的道路节点处,设置宾馆饭店总服务台、各建筑物、主要户外服务区域及停车场的导向标志,且应尽可能通过颜色、大小等方法突出总服务台导向标志。

4.建筑物外部区域

在建筑物外部区域的导向标志主要有二:在通往停车场的主要道路及节点处需设置停车场的导向标志,在通往总服务台所在建筑物的主要道路及节点处需设置醒目的总服务台导向标志。

多体建筑型宾馆饭店的各建筑物如均有本建筑物所属的停车场,则应在通往各建筑物的支路上设置停车场导向标志和该建筑物名称的标志。如不是每个建筑物都有自己的停车场,则应在主要道路节点处设置停车场导向标志和相应建筑物名称的标志。

5.停车场

在停车场入口处设置停车场的位置标志;在总服务台所在建筑物停车场的人员出口处,设置总服务台的导向标志。

多体建筑型宾馆饭店停车场的人员出口处,应设置邻近的建筑物及该建筑物内主要服务功能的导向标志。

(二)服务功能导向系统

服务功能导向系统是为宾客在宾馆饭店内的住宿、餐饮、康体娱乐、会议、商务等活动提供服务信息的导向系统。

1.设置范围

服务功能导向系统设置范围包括宾馆饭店户内及户外服务区域。

服务功能导向信息包括宾馆饭店所有服务功能(如餐饮、歌厅、游泳、会议、商务、购物、洗浴等)、独立建筑物(如康体娱乐中心、会议中心或某区某号楼等)之间的导向及公共设施(如电梯、楼梯、公共卫生间、公用电话、停车场等)信息。

2.前厅

前厅在设置导向要素时的主要要求如下:

(1)宾馆饭店的建筑物前厅入口处外侧应设置该建筑物名称的标志(如康体娱乐中心、会议中心等),并使用相应的图形标志。总服务台所在前厅的入口处外侧应设置"接待"的图形标志。

(2)应在总服务台的接待、问讯、结账、行李寄存和公用电话等处设置位置标志,并提供便携印刷品。

(3)应在每个建筑物前厅的适当位置设置该建筑物的平面示意图,并设置该建筑物的信息板,以提供有关服务功能及公共设施的分布信息。总服务台所在前厅还应设置宾馆饭店的总平面示意图。

(4)应在总服务台或总服务台所在前厅的适当位置给出宾馆饭店主要服务项目及价目表等信息。

(5)多体建筑型宾馆饭店应在各建筑物的服务台或服务台所在前厅的适当位置给出该建筑物内主要服务项目及价目表等信息。

（6）应在恰当位置设置电梯、楼梯、公共卫生间等公共设施的导向标志，并保证电梯、楼梯导向标志的醒目及可视，以方便前厅宾客的识别。

（7）设置出口位置标志。

3.客房

在客房的设置上，首先应按照方便导向的原则设计客房编号，且客房编号标志的设计应清晰，设置应醒目。同时，电梯口、楼梯口及楼道的节点附近应设置客房导向标志（见图2-94），该导向标志宜包括客房编号及方向信息。在必要时可在电梯口附近设置客房及公共设施分布的平面示意图。

图2-94　生活中客房导向标志示例

在客房内应设有供宾客使用的提供请勿打扰信息的标志或电子显示设施、绿色环保标志提供服务指南、饭店介绍等便携印刷品，客房门后应设置紧急逃生示意图。若为无烟层或无烟客房则应设置请勿吸烟的标志。

4.餐饮

在餐饮区的入口处，应设置餐饮的位置标志。

如有相对独立的不同风味的特色餐饮，应分别设置相应的图形标志，如中餐厅、西餐厅、咖啡厅、酒吧、茶吧等，并提供餐饮服务的营业时间信息。如设有无烟区，则应设置请勿吸烟的标志。

在餐饮区出口处，应设置公共卫生间的导向标志，如通道较长或有多个节点应连续设置该标志，且宜设置返回时的餐饮区导向标志。如餐饮区内有公共卫生间，则应设置卫生间的位置标志。

5.康体娱乐

在康体娱乐区的入口处，应设置该区域名称的标志（如康体娱乐中心等）；如为多体建筑型宾馆饭店，应在康体娱乐项目所在建筑物的入口处外侧设置具体的名称标志，如康体娱乐中心、健身室 SPA 馆、游泳馆等。同时提供康体娱乐的营业时间信息。

在康体娱乐区域入口附近或康体娱乐建筑物前厅,应设置该康体娱乐区域或该建筑物内康体娱乐服务功能及公共设施的平面示意图或信息板。同时在服务台设置"接待"位置标志,并提供康体娱乐的价格信息及相关便携印刷品,以便人们更好地进行消费。

另外,在该区域内的主要通道节点处,应设置该区域内各具体康体娱乐服务项目的导向标志,并应在各具体康体娱乐服务项目的入口处设置该项目的位置标志。

6.会议

会议区的设置可与康体娱乐的设置做类似的比较。

会议区的入口处首先应设置该区域名称的标志(如会议区、会议中心等)。多体建筑型宾馆饭店应在会议楼的入口处外侧设置该会议楼名称的标志(如第一会议楼、会议中心等)。

在该区域入口附近,需设置各具体会议室、报告厅的导向标志,必要时可设置会议室、报告厅分布的平面示意图。多体建筑型宾馆饭店应在会议楼前厅设置会议楼内各会议室、报告厅及公共设施分布的平面示意图或信息板。如有多个会议室、报告厅,应按照方便导向的原则设计会议室、报告厅的编号,且编号标志的设计应清晰,设置应醒目。同时,该区域的服务台同样也要设置"接待"位置标志,并提供会议室、报告厅的价格信息及相关便携印刷品。

另外该区域内的主要通道节点处同样应设置各会议室、报告厅的导向标志,并应在各会议室、报告厅的入口处设置相应的位置标志。

7.电梯、楼梯、公共卫生间

电梯、楼梯、公共卫生间等重要的公共设施在宾馆饭店中分布广泛,对它们的导向标志及位置标志的设置同样必不可少。

位置标志分布点主要在梯间、公共卫生间的入口处,需分别设置。

电梯与楼梯导向标志主要分布在客房或会议区的楼道内(如楼道较长,应间隔重复设置)以及各服务功能区(如餐饮区、康体娱乐区等)的通道出口处。另外,电梯、楼梯、公共卫生间所在位置的邻近通道节点处,也应设置相应的导向标志。

电梯楼梯也可作为导向工具使用,在电梯口及楼梯口都有楼层编号的位置标志。电梯内部和(或)电梯外部的墙面分布着各楼层主要服务功能的信息板(见图 2-95)。电梯外部和楼梯口的适当位置也需设置本层主要服务功能及公共设施的平面示意图。电梯间和楼梯口作为本层的导向出发点,应设置本层主要服务功能导向标志。如在餐饮、康体娱乐、会议区域所在楼层的电梯、楼梯出口附近应分别设置相应的导向标志。若电梯、楼梯出口处在前厅,那么可以设置服务台及出口导向标志。

图2-95　生活中常见的电梯内部信息板示例

8.建筑物外部区域

在建筑物出口附近,可设置其他建筑物、主要户外服务区域(如网球场、垂钓区等)及停车场的导向标志。同时在主要道路及节点处,设置主要建筑物、户外服务区域(如网球场、垂钓区等)、户外公共卫生间及停车场等的导向标志。

9.其他服务功能和公共设施

如宾馆饭店有其他服务功能或公共设施(如商务中心、购物中心)的独立建筑物,则均应选择适当的导向要素建立其导向系统。

(三)宾客离开导向系统

宾客离开导向系统是为离开宾馆饭店的宾客提供导向信息的导向系统。

1.设置范围

宾客离开导向系统的设置范围包括宾馆饭店建筑物以外的区域(含地下停车场)。

宾客离开导向信息包括停车场信息、出口信息、宾馆饭店周边交通信息和旅游景点信息及其他服务信息。

2.停车场

大型停车场内应设置车辆出口导向标志,其出口处应设置出口的位置标志,同时在停车场车辆出口处外侧适当位置,为离开车辆提供宾馆饭店的大门出口导向标志。

3.建筑物外部区域

在建筑物出口附近应设有停车场导向标志,在其出口临近的道路节点处,设置宾馆饭店的大门出口导向标志。同时,在主要道路上及节点处设置宾馆饭店的大门出口导向标志,如路线较长宜连续设置该标志。

4.宾馆饭店大门出口

宾馆大门出口处应设置三类导向要素:一为出口位置标志,同时为离开车辆设置周边道路的导向,如 112 国道、京承高速等。二为街区导向图,街区导向图应提供宾馆饭店周边主要交通设施(如公共交通车站、地铁车站等)、主要服务设施(如商场、医院、公园等)的分布情况。三为周边主要公共交通设施(如公共交通车站、地铁车站等)、旅游景点、服务设施(如商场、医院、公园等)的导向标志。

九、旅游景区

国家标准 GB/T 15566.9—2012《公共信息导向系统　设置原则与要求　第 9 部分:旅游景点》中指出:根据景区导向系统的功能及游客需求,旅游景区导向系统由宾客到达周边导入系统、游览导向系统及导出系统这三个相互关联的子系统构成。

(一)周边导入系统

周边导入系统是引导游客进入旅游景区的导向系统。

1.设置范围

周边导入系统的设置范围为旅游景区周边主要道路交叉口、公共交通车站、码头至旅游景区机动车停车场、非机动车停车场。

2.设置方法

(1)旅游景区应由远至近依次连续引导,并符合 GB 5768 的规定。

(2)距离旅游景区 500m 以外范围应设置旅游景区方向距离标志。

(3)距离旅游景区 500m 以内范围应设置景区方向标志。

(4)旅游景区指引标志第一次出现后,在需转向或分叉时应设置旅游景区方向距离标志或旅游景区方向标志。在大于5km的直行路段宜增设旅游景区方向距离标志。

（5）应在旅游景区入口位置设置停车场指示标志。

(二)游览导向系统

游览导向系统是引导游客在旅游景区内活动的导向系统。

1.设置范围

游览导向系统的设置范围为旅游景区内。

2.信息分级

游览导向系统应优先向游客提供重要程度较高的游览信息和公共设施信息。信息的重要程度按照目的地所在位置、与游览活动相关程度以及游客需求等由高至低分为：

（1）一级信息：旅游景点信息、出口信息；

（2）二级信息：游客中心信息、公共卫生间信息；

（3）三级信息：固定文化活动场所信息、餐饮场所信息、购物场所信息、急救场所信息、公用电话信息和入口信息。

此外，应优先提供满足下述条件的旅游景点信息：在旅游景区内具有较高的知名度（即标志性景点），有固定的对外服务时间。

3.导向要素的设计

（1）通则。

对于导向要素的设计，我们需要明确两点：首先，图形标志的辅助文字应根据具体情况确定。例如GB/T10001.1中含义为"入口"的图形符号，在旅游景区中其辅助文字可为"团队入口"。其次，游览导向系统的设计风格宜与旅游景区的景观类别（自然类、历史类、现代类等）和环境相协调。

（2）位置标志。

位置标志可分为单一图形符号、单一文字、图形符号和文字组合三种形式。在这其中：单一图形符号形式宜仅用于表示认知度、理解度高的图形符号，如公共卫生间；单一文字形式宜仅用于没有标准图形符号的旅游景区（或旅游景点）的位置标志。

（3）导向标志。

导向标志分为单一图形符号、单一文字、图形符号和文字组合三种形式，其中单一图形符号形式和单一文字形式的使用范围同位置标志相同。

当导向标志同时提供游览信息和公共设施信息时，两种信息应分别集中布置并用适宜的方法(如颜色)进行区分(见图 2-96),其中,道路信息因与游客的游览需求关系较不密切,宜单独设置。

图 2-96 多种信息的设计实例

另外,当导向标志上有多个不同方向的目的地时,应按照向前、向左和向右的顺序布置(见图 2-96)。当导向标志上同一方向有多个目的地时,目的地的排列顺序应按照由近及远的空间位置从上至下集中排列(见图 2-97)。

图 2-97 空间位置和布局关系

(4)信息板。

信息板分为景区介绍、景观说明、楼层信息三种.其设计均应符合 GB/T 20501.3 的要求,在这之前已详细讲述过。景区介绍应说明全景区的概况和主要旅游景点。景观说明应说明某景观的主要内容;不同类别旅游景点的景观说明的内容应突出自身特色,如地质公园的景观说明应说明地质地貌性质、构造特征、形成年代、科学价值、环境价值等。

(5)平面示意图。

平面示意图应提供游览和公共设施信息,且设计同样应符合 GB/T 20501.3 的要求。

在设计时,平面示意图宜辅以全景图以帮助游客确定所处位置。同时,为了便于游客辨认平面示意图中的建筑物,可采用二维图(见图2-98)或三维图(见图2-99)表示建筑物,但要注意,在同一游览导向系统中不应同时使用这两种图。另外,同一游览导向系统中应采用共同视点绘制建筑物。建筑物的二维图或三维图应反映建筑物的外观轮廓和视觉特征,且在平面示意图中的位置应与实际保持一致。在平面示意图中采用三维图表示的建筑物的方向宜与实际保持一致,如实际环境中朝南的建筑在平面示意图中也朝南。

图 2-98　辅以全景图的平面示意图示例

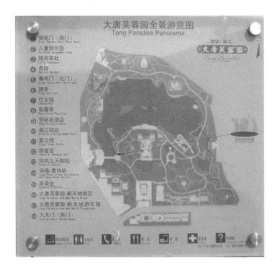

图 2-99　在平面示意图中采用三维图表示建筑物的示例

（6）街区导向图。

街区导向图应提供旅游景区所在位置及环境和交通信息，其设计应符合 GB/T 20501.4 的要求。

（7）便携印刷品。

便携印刷品分为导游图、导游手册和门票三种，提供旅游景区内景区分布、公共设施分布和旅游景区地理位置等信息。导游图和导游手册需要根据旅游景区特点、游览时间向游客推荐游览线路，如半日游、一日游及夜景游览线路等。门票除了在正面明示种类、票价、涵盖景点（或项目）、有效期等信息以外，还宜利用门票背面提供全景区示意图和游览路线等。

4. 导向要素的设置

（1）售票处。

应在售票处的上方或者附近位置设置位置标志或导向标志。售票处的功能是对所提供的票务服务予以说明，如种类、价格、所涵盖项目等。当售票处具有其他服务功能时，应设置相应的标志或文字，如失物招领。

（2）入口。

首先应在入口附近（宜为入口外侧）的显著位置设置大幅面全景图，同时在入口处设置入口标志及旅游景区的位置标志。若为一个无烟景区，则其显著位置还应设置"请勿吸烟"标志。当有多个入口（如团队入口、散客入口、无障碍入口等）时，则应分别设置各入口的位置标志，标志由图形符号和相应的中英文组成。同时，在主要入口处还应向游客提供导游手册等资料，以便游玩。若旅游景区出于安全考虑需要设置单项游览路线，应从入口处就开始设置单向游览的导向标志，标志由方向箭头、"请按此方向游览"的中英文标志构成。

（3）游览步道。

在游览步道的起点处，首先设置一个游览步道路线图，同时根据步道节点设置相应的标志，如在观景节点处应设置景观说明。若步道节点间距离较长，则在适当的间隔处，重复设置导向标志。

（4）旅游景点。

在旅游景点处，首先应设置位置标志和景观说明。若某些区域存在危险，应设置安全标志，如在海滩设置水域安全标志和沙滩安全旗，在林区设置禁止烟火等安全标志。若某些区域存在特殊需要,可设置劝阻标志,如不宜拍照的旅游景点应设置"请勿拍照"标志。

(5)其他公共设施。

其他公共设施同样需要设置相应的位置标志。在游客中心,还应提供导游手册或导游图等游览资料。

(三)导出系统

导出系统是引导游客离开旅游景区的导向系统。

1.设置范围

导出系统的设置范围为旅游景区至旅游景区机动车停车场、非机动车停车场、周边公共交通车站、码头。

2.主要交叉路口

应在旅游景区内主要交叉路口设置旅游景区出口的导向标志。

3.出口

出口的上方或者出口一侧应设置出口的位置标志,内侧应设置周边区域的街区导向图,外侧应设置停车场导向标志、周边公共交通站点导向标志以及出租车上客区位置标志。

4.停车场

机动车停车场出口外应设置道路交通标志以便提供周边道路信息。

(四)旅游景区(点)的引导设置

浙江省地方标准 DB33/T 657—2007(2013)《旅游景区(点)道路交通指引标志设置规范》中指出,旅游景区(点)根据旅游资源要素价值、旅游景观市场价值、旅游交通需求指标三个评价项目可分为 A 类、B 类和 C 类旅游景区(点),不同等级的旅游景区(点)引导范围不同,并对设置原则进行了规定。

1.A 类旅游景区(点)

市区的旅游景区(点),从干线公路入城口、城市快速干道的出口或出口处附近的交叉路口开始引导。郊区的旅游景区(点),从干线公路与通往旅游景区(点)公路的交叉口开始引导。

遇到下列情况,高速公路上可设置 A 类旅游景区(点)指引标志:

（1）与高速公路出口匝道直接相连。

（2）位于出口匝道附近，但高速公路出口标志中无旅游景区（点）所在地的地名信息。

（3）交通组织需要时。

2.B类旅游景区（点）

市区的旅游景区（点），从旅游景区（点）附近的2个干道交叉口或3km以内的范围开始引导。郊区的旅游景区（点），在景区（点）所处区（县）的范围内或距旅游景区（点）5km以内的范围开始引导。

3.C类旅游景区（点）

从距旅游景区（点）附近的干道交叉口开始引导。

4.设置方法

旅游景区（点）应由远至近依次连续引导，并符合GB 5768的规定。

在距离旅游景区（点）500m以外范围应设置旅游景区（点）方向距离标志（见图2-100）。

图2-100　旅游景区（点）方向距离标志

旅游景区（点）指引标志第一次出现后，在需转向或分叉时，应设置旅游景区（点）方向距离标志或旅游景区（点）方向标志。

在大于5km的直行路段宜增设旅游景区（点）方向距离标志（见图2-101）。

图 2-101　旅游景区（点）方向标志

应在旅游景区（点）入口位置设置停车场指示标志（见图 2-102）。

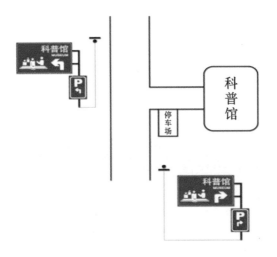

图 2-102　旅游景区（点）指引标志和停车场指示标志设置示例

十、街区

国家标准 GB/T 15566.10—2009《公共信息导向系统　设置原则与要求　第 10 部分：街区》中指出：街区作为一个完成的导向系统，其导向要素主要包括：位置标志、导向标志、平面示意图及街区导向图。

（一）总则

从设计风格来说，街区导向系统的设计风格应与街区功能特点相协调，如为仿古的文化服务街区，则在设计街区导向系统时宜考虑与周边仿古风格相协调。

在设置上,应根据街区模式选择街区出入口、人员集散区(交通站点)、街区内道路交叉口和地理实体等节点设置导向要素。当在同一地点需要设置不同类别的导向要素时,应集中设置。图2-103为导向标志和地名标志集中设置的示例。同时,应充分利用街道上的路灯、候车亭、垃圾箱等固定设施设置导向要素。

在街区这样的公共场所,宜利用导向标志引导行车路线,避开主要居民区和学校,并避开人员集中区域和拥堵点。同时,街区内主要道路的节点处应设置本街区的平面示意图。平面示意图中应着重显示不同地理实体的位置、与街区直接相邻的市区道路以及出口附近公共交通站点的信息。另外,街区内户外设置的公共卫生间以及区内的餐饮、购物、医疗、公共设施等服务设施应根据需要设置相应的导向标志和位置标志。无障碍设施的导向也是必不可少的。

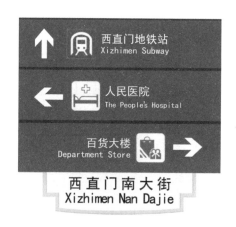

图2-103　导向要素集中设计示例

(二)设计

1.街区模式和功能特点

在我国,常见的街区模式有两种:一为开放式街区,即有城市公共道路贯穿其中的、没有明确出入口的街区;另一种为封闭式街区,即内有独立道路系统,只设有限公共出入口与城市其他区域相连的街区。街区功能的主要特点则由街区内聚集的主要建筑物确定,如商业服务类、文化服务类、科技类、行政办公类、居住类等。

2.信息的选择和传递

街区导向系统一般应提供以下三类信息:

(1)公共交通设施信息:有关公共汽车(电车)车站、地铁车站和火车站方位、名称等信息,分为市郊和市内公共交通设施信息(市内的又分为街区周边和街区内部两类)。

注:常见的公共交通设施有公共汽车(电车)车站、城市轨道交通车站、火车站、码头等。

(2)道路信息:有关道路的方位、名称等信息。

(3)公共服务设施信息:有关购物场所、体育场所、医疗场所、宾馆饭店、旅游景点和公共卫生间等信息,分为街区周边和街区内部两类。

注:常见的公共服务设施有行政、商业、金融、文化、体育、教育、娱乐、医疗、旅游等。

而由街区导向系统提供的主要公共服务设施信息又应满足以下要求:

(1)符合本街区功能特点;

(2)具有标识本街区地理方位的作用;

(3)有相对较大的来访量;

(4)有固定的对外服务时间。

当某一公共服务设施信息代表的是单一功能的建筑(对外提供单一服务的建筑,如医院)时,应使用相应的图形符号和相关文字说明(如 XX 医院)传递该信息,图 2-104 给出设计示例;相反的,当某一公共服务设施信息代表的是综合性建筑(内设多种设施),如设有银行、餐饮和办公场所的建筑时,应使用相关文字说明(如该建筑的名称为 XX 大厦)传递该信息,图 2-105 是综合性建筑的标志示例。

图 2-104　导向标志示例

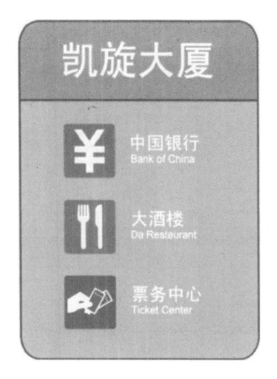

图 2-105   综合性建筑的标志示例

（三）导向标志布局

当导向标志同时提供以上所说的三类信息时，应集中布置同类信息，并用不同的颜色区分非同类的信息。导向标志中三类信息从上至下的排列顺序宜为道路信息、公共交通设施信息和公共服务设施信息。

布局分类主要有两种形式，当导向标识上有多个不同方向的目的地时，应按照向前、向左和向右的顺序布置（见图 2-106）。当导向标志上有多个同方向的目的地时，目的地的排列顺序应按照由近及远的空间位置从上至下排列（见图 2-107）。另外，相同信息在不同导向要素中的表达形式与内容应一致。

图 2-106 不同方向信息的布局

图 2-107 空间位置与布局关系

(四)设置

1.设置范围

街区导向系统是为行人、车辆提供该街区内公共信息的系统,其设置范围为街区周边道路、街区范围内的户外空间、公共汽车(电车)车站、地铁车站和火车站等。

2.闭式街区

(1)街区出入口。

在街区周边主要临近路口处,宜提前 100—200m 为车辆设置街区入口的导向标志;在临近街区的公共交通站点附近,应为行人设置街区入口的导向标志;在街区的主要入口处应设置街区的名称标志(如 XX 小区)和所在道路的地名标志(如解放路);街区入口应设置街区的平面示意图,且宜具有较大的图幅和比例;街区的主要出口处宜设置该出口的名称标志(如 XX 小区南出口),并应在出口内侧设置街区导向图;在街区出口外的适当位置,宜设置该出口附近的公共交通站点的导向标志;停车场位于街区外时,出口外宜设置停车场的导向标志。

(2)街区内道路。

首先,应在街区内道路右侧设置导向标志。另外,当街区内设有公共停车场时,应在街区内道路右侧设置停车场导向标志。当从街区入口到达需导向的某一距离较远或途中有岔路的地理实体时,应在道路右侧连续设置该地理实体的导向标志。

(3)地理实体。

对于地理实体来说,其外立面(或楼顶)和主要入口都应设置名称标志(如 XX 大厦),其中主要入口处还宜提供该地理实体中所提供的服务信息。同时,地理实体出口外的适当位置宜设置街区出口的导向标志。若停车场位于街区内时,在地理实体出口外宜设置停车场导向标志;若停车场内设于地理实体,宜在主要出入口提前设置停车场导向标志。

3.开放式街区

总体上,开放式街区应按照封闭式街区的基本要求设置导向系统。

特殊地,对于有多个入口的开放式街区,导向信息应以临近的入口为主,并宜兼顾其他入口的导向。同时,在街区内主要道路两侧设置街区内的道路和停车场的导向标志。对于地名标志的设置,平面交叉的十字路口的道路不宜少于 4 块,丁字路口的道路不宜少于 2 块,平均人员密度较高的路段(如城市繁华路段)宜每隔 300—500m 设置一块道路地名标志。在地理实体出口外或者停车场出口的适当位置,还应当设置周边公共交通站点和停车场的导向标志。在人员流动的节点处(如公共汽车车站),设置临近地理实体导向标志、停车场的导向标志和街区导向图也是必不可少的。

十一、机动车停车场

国家标准 GB/T 15566.11—2012《公共信息导向系统　设置原则与要求　第 11 部分:机动车停车场》中指出:机动车停车场可按 4 个不同的分类依据进行分类:根据停车场的规模,停车场可分为特大型、大型、中型和小型;根据停车场与其他公共场所的空间关系,可分为独立停车场和附属停车场;根据停车场的建筑特点,可分为地下停车场、停车楼和户外停车场;根据停车场的停车方式,分为自走式停车场和机械式停车场。同时,根据导向功能的系统及停车场流程特点,该导向系统可分为停车入位导向系统、配套服务设施导向系统、寻车导向系统以及离开导向系统。

(一)停车入位导向系统

停车入位导向系统是引导公众驾车进入停车场停放车辆的导向系统。

1.设置范围

停车入位导向系统设置范围为临近停车场入口的周边道路至停车场入口及停车场内。

2.周边道路

在临近停车场的主要道路应设置停车场的导向标志。如为附属停车场,在临近停车场的主要道路应增设所属建筑物的导向标志,在所属建筑物的车辆入口处应设置附属停车场的导向标志。

3.入口

停车场入口处的车行道地面应施划道路交通标线。引导驾驶人的车辆按指定方向行驶(见图2-108)。在停车场入口前5m范围内应设置明显的禁止停车标志或禁止停车线。同时,停车场入口处应朝向驾驶人车辆方向设置停车场的位置标志、车辆入口的位置标志和相关进路交通标志(如限制高度、限制速度、禁止鸣喇叭等标志),并提供停车场现有剩余车位信息,如停车场的停车位已满,应在入口处提供"车位已满"的信息。在停车场入口处背向车辆行驶方向则应设置禁止驶入标志。

图2-108 停车场入口导向设置示例

4.停车场内

在停车场内,车行道地面应施划道路交通标线,引导驶入的车辆按指定方向行驶。

地下停车场和停车楼应沿车辆驶入方向选择合适位置(如各层间坡道的墙面上)设置楼层导向标志,提供下一楼层编号信息,同时在各层的适当位置(如车辆出入口附近、停车区域附近)附着设置本层的楼层位置标志。在朝向车辆行驶的方向应设置行驶方向导向标志、出口导向标志;在背向车辆行驶方向应设置禁止驶入标志,并在车行道上方以适当间隔悬挂设置。在主要车行道交叉处也要设置车型类别导向标志,避免安全事故的发生。另外,在朝向车辆行驶的方向宜提供各停车区域现有剩余停车位数量的信息,如某停车区域的停车位已满,宜在停车区域临近车行道的路口提供"车位已满"的信息,使车主能够及时判断停车车况。当附属停车场的停车区域(或楼层)与所属建筑物的特定区域(或楼层)相通时,则需要在相应停车区域或楼层的进入通道提供相关信息。若停车场设有无障碍停车位,应设置无障碍停车位的位置标志。

(二)配套服务设施导向系统

配套服务设施导向系统是引导公众在停放好车辆后到达目的地的导向系统。

1.设置范围

配套服务设施导向系统设置范围为停车场内。

2.设置要求

首先,配套服务设施导向系统中导向要素的设计应区别于其他导向子系统,宜采用颜色方案、尺寸、设置高度等方法予以区分。

其次,在每一停车区域应当设置电梯、扶梯、楼梯、人员出口、公共卫生间等公共设施的导向标志(见图 2-109),方便人员离开。同时,在停车区域、电梯、楼梯等适当位置应设置所在层的平面示意图,提供本层停车位和配套服务设施的分布信息。在停车区域、电梯、楼梯等适当位置也应设置楼层位置标志。

若停车场为附属停车场,其停车区域(或楼层)能直接通往所属建筑物的特定区域(或楼层)时,应在停车场人员出入口及电梯处采用平面示意图或信息板的形式提供所属建筑物的相关信息。若设有无障碍停车位的停车场,应设置无障碍设施(如无障碍电梯)的导向标志和位置标志。若为独立停车场,其出口处应设置能提供周边环境信息的街区导向图。在设有洗车、汽车美容等服务的停车场,则应设置相应的导向标志和位置标志。

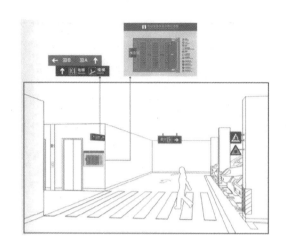

图 2-109　停车场内电梯导向设计示例

(三)寻车导向系统

寻车导向系统是引导公众在返回停车场时找到目标车辆的导向系统。

1.设置范围

其设置范围为相关建筑、停车场内。

2.相关建筑

在相关建筑与停车场相连的主要节点(如电梯、扶梯、楼梯、人员出口),应提供停车场的相关信息,如在商场的电梯入口或电梯内设置信息板提供各楼层的主要信息。

3.停车场内

在停车场内,应按照楼层、区域划分,车位分布和车型类别,采用不同的编号方式建立编号系统,如使用拉丁字母(P1、P2、P3)对楼层进行编号,使用阿拉伯数字对车位进行编号,使用拉丁字母(A、B、C)对区域划分进行编号。编号系统由以下编号构成:

(1)楼层:标示楼层信息;

(2)停车区域编号:标示停车区域;

(3)停车位编号:标示某车位的编号,由区域编号和车位编号组成;

(4)车型类别编号:标示规定停放的车型。

编号系统完成后,应沿车辆驶入方向根据编号系统,按照先楼层、后区域、再停车位的顺序选择墙体、柱体或地面分层次设置以下标志:

(1)楼层导向标志:提供下一楼层编号信息;

（2）楼层位置标志：提供本楼层编号信息；

（3）停车区域导向标志：提供前方停车区域编号信息；

（4）停车位区段导向标志：提供前方停车区域的停车位编号区间信息；

（5）停车位位置标志：提供具体停车位的停车编号信息；

（6）车型类别导向标志：标示前方停车区域规定的车型类别编号信息。

在设置上，则应在电梯、楼梯、主要人员通道处设置停车区域导向标志、停车位区段导向标志及车型类别导向标志；在各停车区域设置停车区域位置标志和停车位区段位置标志。停车位位置标志应设置在不易被遮挡且清晰、醒目的位置，宜设置在地面上。停车区域位置标志的尺寸应明显大于停车位位置标志。

（四）离开导向系统

离开导向系统是引导公众找到目标车辆后驶出停车场的导向系统。

1.设置范围

其设置范围为停车场内、停车场出口。

2.停车场内

首先，应在各停车区域和主要车行道设置停车场出口导向标志（见图2-110）。

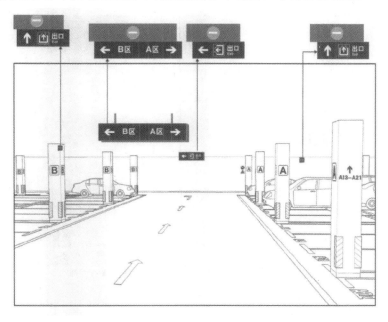

图 2-110　停车场内导向设置示例

其次,当停车场的车辆出口有多个且分别与不同道路相邻时,应对车辆出口编号,并应在设置停车场出口导向标志的同时提供出口信息(含编号)及周边道路信息。最后,地下停车场和停车楼应沿车辆驶出方向设置下一楼层导向标志和行驶方向导向标志。停车场出口车行道则应设置 4 个标志:朝向车辆驶出方向设置停车场出口位置标志;在地面施划导向箭头以引导驶出车辆按指定方向行驶;背向车辆行驶方向设置禁止驶入标志;设置限速标志。

3.停车场外

若为独立停车场,其出口应设置周边道路的导向标志;若为附属停车场,其出口应设置所属建筑物的出口导向标志。同时,出口外 5m 范围内应设置明显的禁止停车标志或禁止停车线。

第五节　应急标准

导向系统应急标准可分为五部分:生产安全、消防安全、水域安全、海船救生安全及应急避险安全(见图 2-111)。

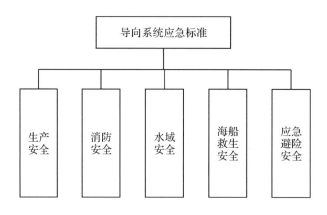

图 2-111　导向系统应急标准框架

一、生产安全

国家标准 GB 2894—2008《安全标志及其使用导则》中规定了我国常用的生产安全标志,适用于公共场所、工业企业、建筑工地和其他有必要提醒人们注意安全的场所。

一般来说,生产安全标志类型可分为:禁止标志、警告标志、指令标志、提示标志、文字辅助标志、激光辐射窗口标志和说明标志。

(一)禁止标志

禁止标志的基本型式是带斜杠的圆边框,如图 2-112 所示,其基本型式的参数:外径 $d_1=0.025L$,内径 $d_2=0.800d_1$,斜杠宽 $c=0.080d_1$,斜杠与水平线的夹角 $a=45°$,其中 L 为观察距离。

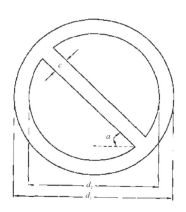

图 2-112　禁止标志的基本型式

部分禁止标志见表 2-19。

表 2-19　禁止标志

图形标志	名称	设置范围和地点
	禁止吸烟 No Smoking	有甲、乙、丙类火灾危险物质的公共场所等,如木工车间、油漆车间、沥青车间、纺织厂、印染厂等。
	禁止烟火 No Burning	有甲、乙、丙类火灾危险物质的场所,如面粉厂、煤粉厂、焦化厂、施工工地等。
	禁止带火种 No Kindling	有甲类火灾危险物质及其他禁止带火种的各种危险场所,如炼油厂、乙炔站、液化石油气站等。

图形标志	名称	设置范围和地点
	禁止用水灭火 No Extinguishing with Water	生产、储运、使用中有不准用水灭火的物质的场所,如变压器室、乙炔站、化工药品库、各种油库等。
	禁止放置易燃物 No Laying Inflammable Thing	具有明火设施或高温的作业场所,如动火区,各种焊接、切断、锻造、浇注车间等场所。
	禁止堆放 No Stocking	消防器材存放处、消防通道及车间主通道等。
	禁止启动 No Starting	暂停使用的设备附近,如设备维修,更换零件等。
	禁止合闸 No Switching on	设备或线路检修时,相应开关附近。
	禁止转动 No Turning	检修或专人定时操作的设备附近。
	禁止叉车和厂内机动车辆通行 No Access for Fork Fift Trucks and Other Industrial Vehicles	禁止叉车和其他厂内机动车辆通行的场所。

(二)警告标志

警告标志的基本型式是正三角形边框。如图 2-113 所示,警告标志基本型式的参数:外边 $a_1=0.034L$,内边 $a_2=0.700a_1$,边框外角圆弧半径 $r=0.080a_2$,L 为观察距离。

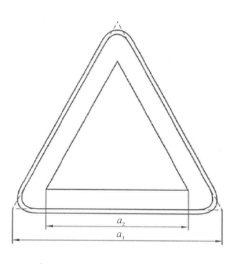

图 2-113　警告标志的基本型式

部分警告标志见表 2-20。

表 2-20　警告标志

图形标志	名称	设置范围和地点
	注意安全 Warning Danger	易造成人员伤害的设备及场所。
	当心火灾 Warning Fire	易发生火灾的危险场所,如可燃性物质的生产、储运、使用等地点。
	当心爆炸 Warning Explosion	易发生危险爆炸的场所,如易燃易爆物质的生产、储运场所。
	当心腐蚀 Warning Corrosion	有腐蚀性物质的作业地点。
	当心中毒 Warning Poisoning	剧毒品及有毒物质的生产、储运及使用场所。

图形标志	名称	设置范围和地点
	当心感染 Warning Infection	易发生感染的场所,如医院传染病区,有害生物制品的生产、储运、使用等地点。
	当心触电 Warning Electric	有可能发生触电危险的电器设备和线路,如配电室、开关等。
	当心电缆 Warning Cable	在暴露的电缆或地面下有电缆处施工的地点。
	当心自动启动 Warning Automatic Start-up	配有自动启动装置的设备。
	当心机械伤人 Warning Mechanical Injury	易发生机械卷入、碾压、剪切等机械伤害的作业地点。

(三)指令标志

指令标志的基本型式是圆形边框,如图 2-114 所示。指令标志基本型式的参数:直径 $d=0.025L$,L 为观察距离。

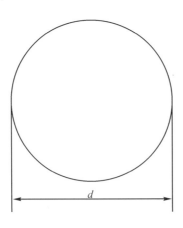

图 2-114　指令标志的基本型式

部分指令标志（见表 2-21）。

表 2-21　指令标志

图形标志	名称	设置范围和地点
	必须戴防护眼镜 Must Wear Protective Glasses	对眼睛有伤害的各种工作场所和施工场所。
	必须佩戴遮光护目镜 Must Wear Opaque Eye Protection	存在紫外、红外、激光等光辐射的场所，如操作电气焊的场所等。
	必须戴防尘口罩 Must Wear Dustproof Mask	具有粉尘的工作场所，如纺织清花车间、粉状物料拌料车间等。
	必须戴防毒面具 Must Wear Gas Defence Mask	具有对人体有害的气体、气溶胶、烟尘等作业场所，如有毒物散发的地点或处理由毒物造成的事故现场。
	必须戴护耳器 Must Wear Ear Protector	噪声超过 85db 的作业场所，如铆接车间、织布车间等。
	必须戴安全帽 Must Wear Safety Helmet	头部易受外力伤害的作业场所，如矿山、建筑工地、伐木场等。
	必须戴防护帽 Must Wear Protective Cap	易造成人体碾绕伤害或有粉尘污染头部的作业场所，如纺织、石棉及其具有旋转设备的机加工车间等。
	必须系安全带 Must Fastened Safety Belt	易发生坠落危险的作业场所，如高处建筑、修理、安装等地点。

图形标志	名称	设置范围和地点
	必须穿救生衣 Must Wear Life Jacket	易发生溺水的作业场所,如船舶、海上工程结构物等。
	必须穿防护服 Must Wear Protective Clothes	具有放射、微波、高温及其他需穿防护服的作业场所。

(四)提示标志

提示标志的基本型式是正方形边框,如图 2-115 所示。提示标志基本型式的参数:边长 $a=0.025L$,L 为观察距离。

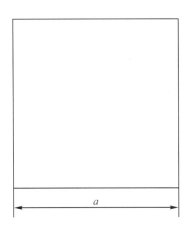

图 2-115　提示标志的基本型式

部分提示标志见表 2-22。

表 2-22　提示标志

图形标志	名称	设置范围和地点
	紧急出口 Emergent Exit	便于安全疏散的紧急出口处,与方向箭头结合设在通向紧急出口的通道、楼梯口等处。
	避险处 Haven	铁路桥、公路桥、矿井及隧道内躲避危险的地点。
	应急避难场所 Evacuation Assembly Point	在发生突发事件时用于容纳危险区域内疏散人员的场所,如公园、广场等。
	可动火区 Flare up Region	经有关部门划定的可使用明火的地点。
	击碎板面 Break to Obtain Access	必须击碎板面才能获得出口。
	急救点 First Aid	设置现场急救仪器设备及药品的地点。

图形标志	名称	设置范围和地点
	应急电话 Emergency Telephone	安装应急电话的地点。
	紧急医疗站 Doctor	有医生的医疗救助场所。

（五）文字辅助标志

文字辅助标志的基本型式是矩形边框，其可分为横写和竖写两种形式。横写时，文字辅助标志应写在标志的下方，可以和标志连在一起，也可以分开（见图2-116）。竖写时，文字辅助标志则写在标志杆的上部（见图2-117）。其次，所以文字字体均为黑体字。

图 2-116　横写的文字辅助标志

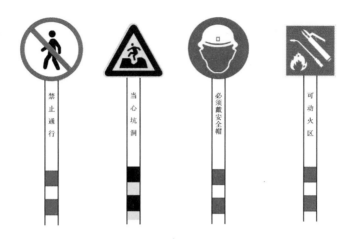

图 2-117　竖写在标志杆上部的文字辅助标志

(六)激光辐射窗口标志和说明标志

激光辐射窗口标志和说明标志应配合"当心激光"警告标志使用。

二、消防安全

近年来,我国生产安全伤亡事故频发,集中在以中小企业为主的制造与加工业等行业。除了提高基本的安全常识之外,了解一些消防安全的标志设置也可大幅减少事故的发生。国家标准 GB15630—1995《消防安全标志设置要求》中规定了我国常用的消防安全标志相关使用守则。

(一)设置场所

我国的消防安全标志通常设置在旅游景点、露天娱乐场、市区街道、广场、停车场和集贸市场等需要设置消防安全标志的场所。

(二)设置原则

在消防安全的设置上,通常遵循如下原则:

(1)商场、影剧院、娱乐厅、体育馆、医院、饭店、旅馆、高层公寓和候车室大厅等人员密集的公共场所的紧急出口、疏散通道处、层间异位的楼梯间(如避难层的楼梯间)、大型公共建筑常用的光电感应自动门或 360°旋转门旁设置的一般平开疏散门,必须相应地设置"紧急出口"标志。在远离紧急出口的地方,应将"紧急出口"标志与"疏散通道方向"标志联合设置,箭头必须指向通往紧急出口的方向。

（2）紧急出口或疏散通道中的单向门必须在门上设置"推开"标志，在其反面应设置"拉开"标志，并在门上设置"禁止锁闭"标志。

（3）疏散通道或消防车道的醒目处应设置"禁止阻塞"标志，滑动门上应设置"自动开门"标志，标志中的箭头方向必须与门的开启方向一致。

（4）需要击碎玻璃板才能拿到钥匙或开门工具的地方，或疏散中需要打开板面才能制造一个出口的地方，必须设置"击碎板面"标志。

（5）各类建筑中的隐蔽式消防设备存放地点应相应地设置"灭火设备""灭火器"和"消防水带"等标志。室外消防梯和自行保管的消防梯存放点应设置"消防梯"标志。远离消防设备存放地点的地方应将"灭火设备"标志与方向辅助标志联合设置。

（6）设有火灾报警器或火灾事故广播喇叭的地方应相应地设置"发声警报器"标志；设有火灾报警电话的地方应设置"火警电话"标志。对于设有公用电话的地方（如电话亭），也可设置"火警电话"标志。

（7）设有地下消火栓、消防水泵接合器和不易被看到的地上消火栓等消防器具的地方，应相应地设置"地下消火栓""地上消火栓"和"消防水泵接合器"等标志。

（8）在旅馆、饭店、商场（店）、影剧院、医院、图书馆、档案馆（室）、候车（船、机）室大厅、车、船、飞机和其他公共场所，有关部门规定禁止吸烟的，应设置"禁止吸烟"等标志。

（三）设置要求

首先，消防安全标志应设在与消防安全有关的醒目位置。标志的正面或其邻近不得有妨碍公共视读的障碍物。除必须外，标志一般不应设置在门、窗、架等可移动的物体上，也不应设置在经常被其他物体遮挡的地方。同时，设置消防安全标志时，应避免出现标志内容相互矛盾、重复的现象，尽量用最少的标志把必需的信息表达清楚。方向辅助标志应设置在公众选择方向的通道处，并按通向目标的最短路线设置，并且应使大多数观察者的观察角接近90°。另外，在所有有关照明下，标志的颜色应保持不变。

若为室内及其出入口的消防安全标志（主要为疏散标志），需要在三个地点进行设置：疏散通道中，"紧急出口"标志宜设置在通道两侧部拐弯处的墙面上，标志牌的上边缘与地面的距离不应大于1m。也可以把标志直接设置在地面上，上面加盖不燃透明牢固的保护板。标志的间距不应大于20m，袋形走道的尽头离标志的距离不应大于10m。疏散通道出口处，"紧急出口"标志应设置在门框边缘或门的上部。标志牌的上边缘与天花板的距离不应小于0.5m。在室内及其出入口处，消防安全标志应设置在明亮的地方。消防安全标志中的禁止标志(圆环加斜线)和警告标志(三角形)在日常情况下其表面的最低平均照度不应小于 5lx,最低照度和平均照度之比(照度均匀度)不应小于0.7。需要外部照明的提示牌也应满足上述要求。

若为设置在室外的消防安全标志,则应满足以下要求:

(1)室外附着在建筑物上的标志牌,其中心点距地面的高度不应小于 1.3m。

(2)室外用标志杆固定的标志牌的下边缘距地面的高度应大于 1.2m。

(3)设置在道路边缘的标志牌,在装设时,标志牌所在平面应与行驶方向垂直或成80°—90°角。

(4)消防安全标志牌应设置在室外明亮的环境中。平均照度要求与室内一致,并且备有应急照明的光源。

(四)检查与维修

设置的消防安全标志牌及其照明灯具等应至少半年检查一次,出现下列情况之一应及时修整、更换或重新设置:

(1)破坏或丢失;

(2)标志的色度坐标及亮度因数超出其适用范围;

(3)逆向反射标志的逆向反射系数小于最小反射系数的 50%。

三、水域安全

国家标准 GB 13815—2008《内河交通安全标志》中规定了我国常用的水域安全标志,其中指出:

内河交通安全标志是用图形符号、颜色和文字向交通参与者传递与交通有关的信息,用于管理交通的设施。内河交通安全标志的形状、尺寸、图案、反光和照明以及制作、设置和安装,均有规定的相关标准。

内河交通安全标志分为主标志和辅助标志。其中主标志分为警告标志、禁令标志、警示标志、指令标志、提示标志。

(一)警告标志

警告标志的颜色为黄底、黑边框、黑图案(文字)。部分种类和设置地点见表2-23。

表 2-23　警告标志

图形标志	名称	设置范围和地点
	交叉河口标志	标示前方为交叉河口,警告船舶谨慎慢行,注意观察并避让交叉河口驶出的船舶,设在交叉河口驶入河段的适当位置。
	急弯航道标志	标示前方为急弯航道,警告船舶谨慎驾驶,注意观察并避让来船,设在Ⅲ级以下急弯航段的两端。

图形标志	名称	设置范围和地点
	窄航道标志	标示前方为窄航道,警告船舶谨慎驾驶,注意观察并避让来船,设在变窄航段的两端。
	紊流(急流、涡流)标志	标示前方水域水流紊乱,警告船舶谨慎驾驶,注意紊流对船舶操纵的影响,设在水流紊乱航段的两端。
	取水口标志	标示前方有取水口,警告船舶在规定的距离外通过,且不应在附近逗留或停泊,设在取水口保护架上,或其上、下游的适当位置。
	排水口标志	标示前方有排水口,警告船舶谨慎驾驶,注意排出流对操纵的影响,设在排水口上、下游的适当位置。
	渡口标志	标示前方有渡口,警告船舶注意渡船动向,主动避让,设在渡口上、下游的适当位置。
	高度受限标志	标示前方水上过河建筑物的通航净空高度受限,警告船舶应在掌控自身高度的前提下,根据当时水位安全通过,设在通航净空高度未达到 GB 50139 规定的水上过河建筑物上,或其上、下游的适当位置。在高度受限标志附近,应附设"通航净高标尺"。

图形标志	名称	设置范围和地点
	注意落石或滑坡标志	标示前方水域有落石或滑坡的危险，警告船舶注意掌握通过时机，设在有落石或滑坡危险的航段的两端。
	雷电高发区标志	标示前方水域为雷电高发区，警告船舶注意预防雷击，设在雷电高发区域的两端。
	事故易发区标志	标示前方为事故易发区，警告船舶加强瞭望、谨慎驾驶、注意避让，设在事故易发区域的两端。
	注意危险标志	标示以上标志未能包括而需引起船舶警觉的区域，设置在所要标示区域的两端。设置时应附加辅助标志补充说明标示区域的性质。如"交通管制区""施工区域"或岸边的"残桩""沉石""围堰"等。

（二）禁令标志

禁令标志的颜色除个别标志外，为白底、红边框、红斜杠、黑图案（文字），图案压杠；其解除禁止标志为白底、黑边框、黑细斜杠、黑图案，图案压杠；限制标志无斜杠。部分禁令标志见表2-24。

表 2-24　禁令标志

图形标志	名称	设置范围和地点
	禁止通行标志	禁止船舶通行（双向），设在禁止通行航道的两端。

图形标志	名称	设置范围和地点
	禁止驶入标志	禁止船舶驶入(单向),设在禁止驶入航道的入口处或单向通行航道的出口处。
	禁止转弯标志	禁止船舶向左或向右转弯,设在禁止转弯的交叉河口驶入河段的适当位置。
	禁止掉头标志	禁止船舶掉头,设在禁止掉头区域的两端。
	禁止追越标志	禁止船舶追越和并列行驶,设在禁止追越和并列行驶航段的两端。
	禁止会船标志	禁止船舶交会,实行单行交通,设在禁止会船航段的两端。
	禁止并列行驶标志	禁止船舶并列行驶,设在禁止并列行驶航段的两端。
	禁止顶推标志	禁止拖船队采用顶推的拖带方式,设在禁止顶推航段的两端。
	禁止旁拖标志	禁止拖船队采用旁拖的拖带方式,设在禁止旁拖航段的两端。

续　表

图形标志	名称	设置范围和地点
	禁止偏拖标志	禁止吊拖船队采用偏缆（左或右）拖带，设在禁止偏缆拖带航段的两端。

(三)警示标志

警示标志的颜色为红白相间的斜纹。其大致可分为两种类型：

一为桥梁警示标志，多设置于桥墩或桥梁上部结构，显示桥墩或通航净空，标明桥下可航行通道或船舶通过的最佳位置，又可分为甲、乙两类（代码 501、502）。甲类警示标志适用于水中有墩的桥梁，乙类警示标志适用于水中无墩的桥梁。跨度较大、水中有墩的拱形桥梁，可以同时设置甲、乙两类标志。

二为导向标，其用于引导船舶的行驶方向（见图 2-118、图 2-119）。它可以设置在弯曲航道的大弯面、弯曲航道上桥梁的通航孔内侧及丁字交叉河口对应叉河口的岸上。

图 2-118　导向标基本单元

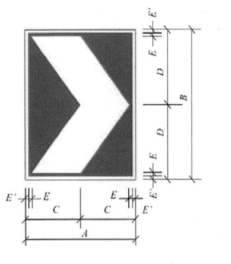

图 2-119　导向标志组合使用

（四）指令标志

指令标志的颜色为蓝底、白边框、白图案。部分指令标志及设置范围见表 2-25。

表 2-25　指令标志

图形标志	名称	设置范围和地点
	行驶方向标志	指令船舶按标示方向行进,设在需要控制船舶流向或实行分流的河口驶入河段的适当位置。
	靠一侧行驶标志	指令船舶、排筏按照标示的一侧行驶,设在需要靠一侧行驶区域的两端或分孔通航桥梁的中墩上方。
	回航标志	指令船舶航经该处时,应绕一居间物(天然或人工)逆时针方向行驶,设在需要回航的交叉、汇合河口的适当位置或居间物上。
	分道通航标志	标示实行船舶分道通航制,指令船舶在规定的分道内行驶,设在实行分道通航水域两端的岸上或通航分隔物上。

图形标志	名称	设置范围和地点
	停航让行标志	指令船舶在标志处停航,等候通行信号或现场指挥,设在禁止会船或控制、管制河段规定让行的一端或两端。
	鸣笛标志	指令船舶按有关规定鸣放声号,设在规定鸣放声号的地点。
	右舷会船标志	指令船舶对驶相遇时,互以右舷会船,设在应以右舷会船区域的两端。
	绕行标志	指令船舶从一指定物(危险品码头、浮动设施、船舶等)左侧或右侧保持一定横距行驶,设在需要过往船舶绕开行驶的指定物的两端或其上、下游的适当位置。应保持的横距数值,以附加辅助标志标示。
	停航受检标志	指令船舶停航接受检查,设在经批准设置的长期或临时检查站的适当位置。
	横越区标志	指定为船舶横越航道的区域,越江船舶应在此处横越航道,设在横越区的两岸。

(五)提示标志

提示标志的颜色为绿底、白边框、白图案(文字)。部分提示标志及设置范围见表 2-26。

表 2-26　提示标志

图形标志	名称	设置范围和地点
	靠泊区标志	标示港内允许船舶靠泊的区域,顺航道设在靠泊区的中间、一端或两端。
	锚地标志	标示允许船舶锚泊的区域,顺航道设在锚地的中间、一端或两端,或安装在锚地专用浮标的灯架上。
	掉头区标志	标示港内允许船舶掉头的区域,顺航道设在掉头区的中间、一端或两端。
	水上运动区域标志	标示准予进行某项水上运动的区域,设在运动区域两端的岸上和标示该项运动水域界限的专用浮标的灯架上。
	航道尽头标志	标示该段水域为航道尽头,设在该水域的入口处。
	通信联络标志	提示船舶按标示的频道(频率)与海事机构联系或收听交通信息广播,设在用无线电指挥交通或发布交通信息的地方。

续　表

图形标志	名称	设置范围和地点
松江海事电话	应急电话标志	告示性提示标志,标示管辖该水域的海事机构、应急站或当地统一的值班应急电话号码,顺航道设在适当地点。
汨罗市	地名标志	告示性提示标志,标示航道沿线经过的市、县、镇、港口(区)、名胜古迹等地点,设在标示对象的边界处。
重庆市 湖北省	分界标志	告示性提示标志,标示行政区划或专职管理机构辖区的分界处,顺航道设在两个辖区分界处的岸上。
油污水接收站500m	场所距离标志	告示性提示标志,标示某个与内河交通有关的场所(如船舶加油站、航修站、应急站以及船舶污染物接收站等)的方向和距离,顺航道设置在该场所上、下游的适当位置。

(六)辅助标志

辅助标志是不能单独使用,附设在主标志下,对主标志的时间、距离、区域或范围、缘由、船舶种类等作补充说明的标志。部分辅助标志和说明见表 2-27。

表 2-27　辅助标志

图形标志	名称	说明
0800-1800	标示时间	
▲1000m	标示方向、距离	
B 1　5m 2-1000t	标示区域、范围	
施　工 海　事 残　桩	标示缘由	

续　表

图形标志	名称	说明
挂机船	标示船舶种类	
施　工 0700-1900	组合标示	需要同时标示二种及以上内容时,使用组合标示的方法可只使用一块辅助标志。
！ 施　工	主标志附加辅助标志	

(七)可变信息标志

可变信息标志是一种可以改变显示内容的标志,可显示因航道、船闸、船舶流、交通事故、水上水下施工和气象等情况的变化而改变的管理内容,用于发布航行通(警)告、气象预报、交通信息,以控制船舶航速、流向和流量,可更有效地管理交通;结合水位仪,还可以显示水上过河建筑物随时变化着的实际通航净空高度。

可变信息标志的显示方式通常有高亮度发光二极管、灯光矩阵、磁翻版、字幕式、光纤式等。其使用范围一般在干线航道、干支流交汇水域、通航密集区、交通管制航段及船闸、港区等重要水域。另外,可变信息标志的版面大小、显示方式,可根据水域的实际状况、标志功能、显示内容、控制方式等因素确定,其字幕颜色应根据所显示内容的性质遵循下列原则:警告为黄色,禁止、限制为红色,指令为蓝色,提示为绿色。

(八)内河交通安全标志设置原则

在该标准中还对内河交通安全标志设置原则,做出了具体规定,概括来说主要有以下四点:

(1)应以保障航道畅通和交通安全为目的,与助航标志相协调,总体布局,避免出现互相矛盾、彼此重复、信息不足或过载的现象。传递等同的信息量,以标志量少的为优;但对于特别重要的信息,可予以重复显示。

(2)标志的设置应充分考虑船舶尤其是吊拖船队在动态的情况下发现、认读标志及采取行动的时间和距离,因此警告类标志应设置在距离其表达对象 300m～500m 的范围内。

（3）同一地点设置两个（种）及以上标志时，可绘制在一块标志板或安装在一根标志杆上，但最多不应超过四个（种），并按禁令、指令、警告、提示的顺序，先上后下、先左后右地排列。解除禁止标志和警示标志应单独设置。用多根标志杆时，不应互相遮挡。

（4）解除禁止标志因故不能设置时，应在禁令标志下附加说明其作用距离的辅助标志。

四、海船救生安全

国家标准 GB 3894.6—1984《船舶布置图图形符号救生设备》中具体指出了船舶布置图和各类元件的表示方法，协调并清晰地传递安全信息，部分图形符号见表 2-28。

表 2-28　海船救生安全标志

图形标志	名称
	救生圈
	带救生浮索的救生圈
	带自亮浮灯的救生圈
	带自亮浮灯及烟雾信号的救生圈
	救生浮
	救生衣
	气胀救生筏
	可吊救生筏
	刚性救生筏

续 表

图形标志	名称
OL	划桨救生艇
ML	机动救生艇
EL	全封闭救生艇
AL	自备空气系统救生艇
FL	耐火救生艇
	工作艇
RB	救助艇
	宜昌舢板
	抛绳器具

五、应急避险安全

国家标准 GB/T 23809—2009《应急导向系统 设置原则与要求》中对应急导向系统(SWGS)做了详细的介绍。标准化的 SWGS 传递必要的安全信息,能帮助公众迅速撤离危险区域,或在发生火灾及其他紧急情况时帮助公众迅速在指定的安全区集合。

(一)设计目标

1.一般设计要求

应提供一致、连续的信息,以便公众能从危险区域有序地疏散到集合区。

2.疏散路线的连续性

在设置 SWGS 的要素时,应保证疏散路线从危险区域到集合区的连续性。从危险区域到疏散路线终点之间,应保证应急导向线在视觉上的连续性和显著性,并应完整地标示疏散线路的边界。

3.视觉的强化

应急导向标志应按照一定间隔重复设置,设置数量应保证信息的一致性和连续性。

4.位置的选择

原则上应急导向线应设置在低位,且观察距离应大于 30m,应急导向标志的观察距离应大于 5m。

(二)应急导向标志

首先,应急导向标志的设计标准应明确。SWGS 中的应急导向标志应符合 GB/T 2893.1 和 GB/2894 中关于安全出口图形标志和箭头的要求(见表 2-29 和图 2-120)。

表 2-29　单独的或有辅助文字的应急导向标志示例

含义	只使用图形符号和箭头	使用辅助文字的示例	使用双语辅助文字的示例
方向右下(指示楼层变化)			
A)方向右上(指示楼层变化) B)悬挂在开阔区域,指示右前			
方向左下(指示楼层变化)			
A)方向左上(指示楼层变化) B)悬挂在开阔区域,指示左前			
A)前行(指示行进方向) B)在门上方,指示由此穿过后前行(指示行进方向) C)前行向上(指示楼层变化)			

续　表

含义	只使用图形符号和箭头	使用辅助文字的示例	使用双语辅助文字的示例
右行（指示行进方向）			
左行（指示行进方向）			
下行（指示楼层变化）			

图 2-120　设置在地面上的应急导向标志示例

其次，在使用时应保持一致性。应急导向标志应仅用于表示疏散方向。所有应急导向标志（包含高位、中位和低位）中的图形符号应与箭头结合使用，箭头所示方向应与疏散方向一致。在设置上，应急导向标志的确切含义取决于安装位置在方向上的变化，疏散路线上的门以及向建筑物上一层疏散的位置，尤其应选择恰当的应急导向标志。

第六节　评价标准

对于导向系统而言，评价标准是保证其发挥作用的基石。一个良好的评价标准能对导向系统做出良好的判断，促使其查漏补缺，不断完善。导向系统评级标准主要包括评价标准和测试方法两部分（见图 2-121）。

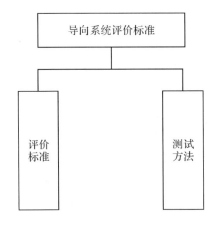

图 2-121　导向系统评价标准框架

一、评价标准

公共安全是国家安全和社会稳定的基石，提高常态风险防控能力和突发状态下的应急疏散能力，是城市人员密集场所公共安全管理的重中之重，而这两种能力的实现高度依赖于城市应急导向系统的建设和运行效果。我国暂无相关城市导向系统评价的国家标准、行业标准，亟需制定相关评价标准来规范城市应急导向系统。该标准宜从系统评价的原则、流程、指标和实施方法等角度编制。

（一）评价原则

应急导向系统的评价原则主要有四点：客观性、系统性、针对性、独立性。

客观性主要指应急导向系统效果评价应以事实为依据，客观反映系统设计、设置和运行管理的实际情况，评价方法和评价指标的选取、构成和评价过程应满足客观、真实地反映应急导向系统本质特征的要求。

系统性主要指应急导向系统效果评价应从规范性、系统性、醒目性、清晰性和安全性等方面进行系统性综合评价，全面评价系统的标准符合性、系统功能性、技术先进性和运行保障性。

针对性主要指评价方法和评价指标的选取应综合考虑项目类型、规模、复杂程度等要素，保证同类型的城市应急导向系统效果评价能够在平等的、可比的评价体系下进行。评价指标的定义和描述应明确，且易于量化，能比较容易地获取准确的数据。

独立性主要指综合评价过程需要对指标进行独立性确定，各评价指标之间应保持较好的独立性,分别赋以权重,应对概念上相似或重叠的指标进行筛选,保证评价指标的独立性。

(二)评价内容

应急导向系统效果评价应从标准符合性、系统功能性、技术先进性和运行保障性四个方面开展评价。在实际评价中,可根据被评价系统的特征进行增加或删减,并对指标进行细化。

1. 标准符合性

在系统设计方面,应急导向系统设计的标准符合性评价主要包括以下内容:

(1)应急导向系统所使用的安全色、安全标志的规范性;

(2)应急导向标志版式设计的规范性;

(3)疏散平面图设计的规范性;

(4)应急导向系统中电光源要素设计的标准符合性。

在系统设置方面,应急导向系统设置的标准符合性评价主要从应急导向系统中应急导向标志、应急导向线和安全疏散图等要素布置的合理性,高位、中位和低位应急导向标志的设置密度和视觉强化程度是否满足标准要求,电光源要素的电源设置及发光亮度等技术指标是否符合标准要求三方面来进行评价。

在工程要素方面,应急导向系统建设所采用的材料、结构、工艺等因素直接影响其导向功能的正常发挥,因此应急导向系统工程要素的标准符合性评价主要包括以下内容:

(1)设施设备所使用的材料、结构、工艺等工程要素是否符合相关行业强制标准的要求;

(2)电光源和磷光要素的技术指标及特殊要求是否符合 GB/T 23809 的要求;

(3)消防应急照明和疏散指示系统的防护等级、要求、实验和检验规则是否符合 GB/T 17945 的要求。

2. 系统功能性

系统功能性的评价主要指系统应保持系统性、清晰性、醒目性及安全性。

评价应急导向系统的系统性主要是评价应急导向系统疏散路线设计的合理性、导向信息的一致性和连续性、应急导向系统中图形符号或文字的外观和描述的一致性以及导向要素的设置方式和设置位置的规律性。

清晰性则对应急导向系统中的图形符号和文字等导向信息的识别度以及应急导向

系统中导向信息元素的细节及其清晰度进行评价。

导向要素在其设置的环境中的醒目程度,导向要素是否与公共信息导向系统、广告等独立设置,应急导向系统中的发光要素在特定环境下是否醒目则可以看作评价应急导向系统是否醒目的三个评价标准。

评价应急导向系统的安全性主要评价以下两个内容:硬件机械性能安全性,如外壳防护等级、外观平整度、结构牢固度、耐冲击和研磨性能等;供电系统安全性,如充放电性能、气候耐受性能、机械环境耐受性能和电磁兼容性能等。

3. 技术先进性

从规划设计出发,对系统规划、要素选择和外观设计等方面的专业化水平进行评价,主要要求为系统规划的科学性、要素选择的合理性、外观设计的美观性。

对设施设备来讲,应对系统采用的设施设备的硬件材料、系统结构和制造工艺的先进性进行评价,主要对设施设备选型、系统构建技术产品制作工艺的先进性进行评价。

另外,还应对供电系统、自动控制系统等软件技术的先进性进行评价,主要评价以下两部分:(1)供电系统形式选择的合理性,如自带电源集中控制型、自带电源非集中控制型、集中电源集中控制型和集中电源非集中控制型;(2)系统运行稳定性,应急导向系统所采用的控制系统应确保满足系统稳定运行的需求。

4. 运行保障性

最后对系统是否能顺利运行进行评价,主要从三方面进行评价。组织体系的评价主要包括组织指挥体系建立情况、应急机构及职责落实情况。应急防控的评价主要包括应急预案编制情况、应急演练执行情况及安全教育实施情况。维护维修方面则主要从维护维修制度建立情况及维护维修质量两部分出发。

(三)评价程序

应急导向系统效果评价的一般评价程序主要包括识别评价目标、明确影响因素、描述评价对象、确定评价模型、执行评价过程和报告评价结果六个阶段。评价的各阶段内容应互相呼应和验证,确保所有有效信息的合理可确知性。

1. 识别评价目标

根据评价用途、评价目的和被评价对象等因素确定评价目标。不同的评价目标会影响评价方法选择、评价指标设计和评价结果及其报告形式等。

2. 明确影响要素

应急导向系统效果评价的影响因素包括标准符合性、系统功能性、技术先进性和运行保障性四个维度,在评价之前应首先根据系统类型、项目规模和利益相关方要求等因素确定各影响要素。

3. 描述评价对象

评价前应识别、界定和描述被评价对象,包括系统类型、系统构成和技术方案等基本内容,应能客观、全面地反映系统效果评价所需的内部和外部信息。

4. 确定评价模型

遵循实施、准确、客观的原则,采集与评价对象相关的标准、指标等信息,作为评价的输入值。

5. 执行评价过程

评价过程包括:根据采集的信息,结合专家打分,确定指标权重;选用适用方法开展评价;根据模型计算评价结果。

6. 报告评价结果

根据评价目标,选择适当方式报告评价结果。

二、测试方法

国家标准 GB/T 16903.3—2013《标志用图形符号表示规则　第 3 部分　感知性测试方法》中规定了图形符号感知性的测试方法,以确定图形符号的符号要素能否最终被使用人群迅速识别。

(一)测试前的准备

在开始测试之前,主试应确保图形符号的提交者已经对照标准化图形符号提案的要求对所提交的信息进行了核对,这些要求是相关标准化机构或行业机构规定的。符号提交者应提交以下信息:

(1)接受测试结果的相关机构名称和具体联系方式;

(2)该机构对提案者和主试所提交信息的详细要求;

(3)根据标准化机构的要求,针对每个图形符号填好的申请表,如该标准化机构并无指定的标准化图形符号申请表,提案者应按主试的要求为每个图形符号都填一张申请表。除了填好的申请表,还宜提供以下几项:

● 对图形符号要素及其位置等图像内容的描述;

● 符号要素宜被识别的最小视角。最小视角的值可以根据符号尺寸和实际使用时预期的观察距离推导得出；

● 确认所提交的图形符号的设计符合相关设计原则、设计要求或设计标准的要求；

● 根据标准化机构的要求，提交每个方案的 esp 格式的计算机文件。

(二)测试方法

首先，符号图形应打印成纸质材料(注意打印材料要有足够的对比度和分辨率)，应在 $(2±0.04)$m 观察距离处的垂直面上呈现给被试，被试的视线与图形符号所在平面的角度应在 $(90±10)°$。为了确保整个测试过程中观察距离和正确的头部位置均保持不变，应指导被试在测试过程中保持坐姿不变。较近的距离可能更可行，但由于此时很小的身体活动也会对实际观察距离产生较大影响，所以宜避免使用这种方法。另外，测试房间内不应有日光且要对测试用的照度进行记录，照度应在 95lx 和 105lx 之间。

其次，评定可识别性应至少使用两种尺寸。每个图形符号都应使用 80mm×80mm 的尺寸测试，同时选择一个或几个更小的尺寸进行测试。所选择的尺寸应使相应的视角等于或小于符号提交者提供的可识别最小视角。需要注意的是，较大和较小的显示尺寸的正确识别率可能不同。因为较大显示尺寸的观察条件更佳，因此该尺寸下的正确识别率宜较高，如 90%。较小显示尺寸的正确识别率可能会根据符号的类型而有不同程度的降低。例如，安全符号的标准可能比公共信息符号的标准更为严格。默认图形符号应显示为黑图形白背景。但是，如果进行测试的图形符号在实际使用中总是使用一种或几种特定的颜色(如安全标志中使用的图形符号)，则测试材料中也应使用同样的颜色。

如果向一名被试呈现两个或两个以上的图形符号，这些图形符号的尺寸应相同。如果测试两个或两个以上的符号，每名被试看到的图形符号的呈现顺序都应随机。为避免疲劳，向每名被试呈现的图形符号数量不宜超过 15 个。同时，被试应能记录对符号要素的描述。被试可以将描述写在纸上，也可以使用计算机键盘输入。如有必要(如被试的书写难以辨认)，被试的描述可由主试记录。

(三)被试

一般情况下，每个图形符号各尺寸的测试都应分别使用至少 25 名被试。被试在年龄、性别、受教育程度、文化或民族背景以及体能(如相关)等方面宜为最终使用人群的代表性抽样。当测试安全用图形符号时,宜特别注意被试要包括易受影响的人员。需要注意的是,除非在图形符号的使用环境中最终使用人群不能佩戴眼镜或隐形眼镜,否则所有被试都应有正常或矫正正常的视敏度。另外,参与测试的被试来自同一个地区即可。然而,宜考虑图形符号的图像内容或特定应用领域是否需要在不止一个地区进行测试。最后,测试前不应将图形符号呈现给被试。参与图形符号设计的人不应做被试。如果一个图形符号已经进行了评价测试或理解度测试,则参与这些测试的被试不应做感知性测试的被试。

(四)主试

应指定经过培训且有行为实验经验的人做主试。为保持一致,主试最好是同一个人。

(五)测试步骤

首先,评定每名被试的视敏度。宜在规定的测试光照度下,采用标准测试方法测量视觉灵敏度,如斯内伦视力表或朗多环形视力表。

被试的任务是对所有符号要素给出简短描述。任务进度应自行确定,即被试应能根据自身情况有足够时间完成描述。

另外,在被试表示描述已记录完毕之前,图形符号应一直保持可见。

(六)分析和评分

应指定一名评定人分析被试对每个图形符号的描述并进行评分。评定人应为一名行为科学家或对进行人类学科测试和分析被试回答有相当知识和经验的人。主试也可做评定人。

首先,针对被试提交的对图形内容中各符号要素的描述,评定人应给每个符号要素拟定相应的正确描述。正确描述最好以对有限数量的被试进行初步试验所取得的结果为基础,或者与其他一名或几名同事共同制定。在初步试验中做被试的人不应在主测试中做被试。所列举的符号要素的正确描述应遵循以下两条原则:(1)关于符号要素形状的任何准确描述都是正确的;(2)描述中对图形符号所要描绘的物体进行了命名并且命名正确。判定描述正确性的一般规则:(1)对符号要素所有相应的描述都归为正确,如"人形""身体""人""个人"或"男人";(2)虽然没有说出符号要素名称,但是对其有隐含解释时都归为正确,如解释"放在某物上",而非用"桌子";(3)对物体做出抽象但明确的简要描述都归为正确,如"一串点"而非"传送带",或"一条线"而非"地平线";(4)一个解释中涉及的几个符号要素都归为正确,如"搬运工人"而非"戴帽子的人";(5)如所指出的物体名称并非预期要描绘的物体,则归为不正确。如"手"而非"手套"。

其次,评定人应比较被试对图形符号的描述和相应的图像内容及每个符号要素的正确描述。在比较的基础上,评定人应判定被试的描述是否包含了图像内容中的所有符号要素。对每个显示尺寸,评定人应确定测试组中正确描述所有符号要素的被试人数,应将这个数字转化成百分比,即正确识别率。

(七)结果的表示

结果中应包含以下信息:

(1)每组被试的信息,包括:被试人数,进行测试的地区以及被试的年龄、性别、受教育程度、文化或民族背景及任何残疾等情况。

(2)每个测试符号的信息,包括:图形符号的对象或含义、功能、应用领域、最终使用人群,测试的尺寸和这些尺寸的图形符号的拷贝,图像内容以及符号要素可供选择的正确描述,对于每个符号要素,给出做出正确描述的被试人数、不正确回答列表和相应频次以及没有提到该符号要素的被试人数,所调查的每个显示尺寸的正确识别率。

第七节 标准题录

城市导向相关国家标准、行业标准,经整理、归纳,编制形成城市导向标准题录(见表2-30)。

表2-30 城市导向标准题录

项目	分项	标准编号	标准名称
导向系统基础	术语	GB/T 15565.1—2008	图形符号 术语 第1部分:通用
		GB/T 15565.2—2008	图形符号 术语 第2部分:标志及导向系统
	设计原则	GB/T 16903.1—2008	标志用图形符号表示规则 第1部分:公共信息图形符号的设计原则

续　表

项目	分项	标准编号	标准名称
导向系统元素	图形符号	GB/T 10001.1—2012	公共信息图形符号　第1部分:通用符号
		GB/T 10001.2—2006	标志用公共信息图形符号　第2部分:旅游休闲符号
		GB/T 10001.3—2011	标志用公共信息图形符号　第3部分:客运货运符号
		GB/T 10001.4—2009	标志用公共信息图形符号　第4部分:运动健身符号
		GB/T 10001.5—2006	标志用公共信息图形符号　第5部分:购物符号
		GB/T 10001.6—2006	标志用公共信息图形符号　第6部分:医疗保健符号
		GB/T 10001.9—2008	标志用公共信息图形符号　第9部分:无障碍设施符号
		GB/T 10001.10—2014	公共信息图形符号　第10部分:通用符号要素
		GB 5768.1—2009	道路交通标志和标线　第1部分:总则
		CJJ/T 125—2008	环境卫生图形符号标准
		GB/T 17695—2006	印刷品用公共信息图形标志
		LB/T 001—1995	旅游饭店用公共信息图形符号
导向系统元素	文字	GB/T 20501.1—2013	公共信息导向系统　导向要素的设计原则与要求　第1部分:总则
		GB/T 20501.3—2006	公共信息导向系统　要素的设计原则与要求　第3部分:平面示意图和信息板
		GB/T 20501.4—2006	公共信息导向系统　要素的设计原则与要求　第4部分:街区导向图
		DB33/T 755.1—2009	公共场所英文译写规范　第1部分:通则
	颜色	GB/T 20501.1—2013	公共信息导向系统　导向要素的设计原则与要求　第1部分:总则
		GB 2893—2008	安全色
		GB/T 8417—2003	灯光信号颜色

续　表

项目	分项	标准编号	标准名称
导向系统设计	位置标志	GB/T 20501.2—2013	公共信息导向系统　导向要素的设计原则与要求　第2部分:位置标志
	平面示意图和信息板	GB/T 20501.3—2006	公共信息导向系统　导向要素的设计原则与要求　第3部分:平面示意图和信息板
	街区导向图	GB/T 20501.4—2006	公共信息导向系统　导向要素的设计原则与要求　第4部分:街区导向图
	便携印刷品	GB/T 20501.5—2006	公共信息导向系统　导向要素的设计原则与要求　第5部分:便携印刷品
	导向标识	GB/T 20501.6—2013	公共信息导向系统　导向要素的设计原则与要求　第6部分:导向标识
	信息索引标识	GB/T 20501.7—2014	公共信息导向系统　导向要素的设计原则与要求　第7部分:信息索引标识
导向系统设置	总则	GB/T 15566.1—2007	公共信息导向系统　设置原则与要求　第1部分:总则
	民用机场	GB/T 15566.2—2007	公共信息导向系统　设置原则与要求　第2部分:民用机场
	铁路旅客车站	GB/T 15566.3—2007	公共信息导向系统　设置原则与要求　第3部分:铁路旅客车站
	公共交通车站	GB/T 15566.4—2007	公共信息导向系统　设置原则与要求　第4部分:公共交通车站
	购物场所	GB/T 15566.5—2007	公共信息导向系统　设置原则与要求　第5部分:购物场所
	医疗场所	GB/T 15566.6—2007	公共信息导向系统　设置原则与要求　第6部分:医疗场所
	运动场所	GB/T 15566.7—2007	公共信息导向系统　设置原则与要求　第7部分:运动场所
	宾馆和饭店	GB/T 15566.8—2007	公共信息导向系统　设置原则与要求　第8部分:宾馆和饭店
	旅游景区	GB/T 15566.9—2012	公共信息导向系统　设置原则与要求　第9部分:旅游景区
	旅游景区	DB 33/T 657—2007	旅游景区(点)道路交通指引标志设置规范
	街区	GB/T 15566.10—2009	公共信息导向系统　设置原则与要求　第10部分:街区
	机动车停车场	GB/T 15566.11—2012	公共信息导向系统　设置原则与要求　第11部分:机动车停车场

续　表

项目	分项	标准编号	标准名称
导向系统应急	生产安全	GB 2894—2008	安全标志及其使用导则
	消防安全	GB 15630—1995	消防安全标志设置要求
	水域安全	GB 13851—2008	内河交通安全标志
	海船救生安全	GB/T 3894.6—1984	船舶布置图图形符号　救生设备
	应急避险安全	GB/T 23809—2009	应急导向系统　设置原则与要求
导向系统评价	测试方法	GB/T 16903.3—2013	标志用图形符号表示规则　第 3 部分:感知性测试方法

第三章

城市导向标准化管理

第一节　城市导向标准管理

　　标准化建设是城市导向系统发展的内在要求,也是建设城市导向系统的重要技术支撑。而标准是标准体系的最小细胞,是标准化建设的基础。标准以科学、技术和经验的综合成果为基础,以促进最佳的共同效益为目的。在当前新的形势下,虽然有许多新事物出现,但标准化的一些基本原理和方法并没有因为这些事物的出现而发生实质性的改变,标准化工作的三大任务,即制定标准、实施标准及监督管理的基本模式没有改变。在现实工作中,需要改进和提高的是如何将标准制定得更加完善,实施得更加认真,监督得更加到位,使得城市导向标准化工作在螺旋上升的发展轨迹上前进得更趋顺利。

　　《国家标准化体系建设发展规划(2016年—2020年)》中,明确提出重点开展城市导向系统标准制修订,提升城市管理标准化、信息化、精细化水平。

一、标准制定

(一)标准制定的原则

在进行标准制定的过程中要遵循下述原则:

1.元素设计的一致化

在对导向元素设计的过程中,要特别注意保持各元素之间的一致性;在图形符号设计过程中,要使符号设计风格一致,符号要素一致,要考虑图形表示的统一化;在对图形标志设计时,要注意图形标志构型的一致性,包括衬底色、边框、标志形状等。

2.设置的系统化

在对导向系统设置进行规范时,要从系统化的角度考虑问题。狭义的系统性,指仅将单个导向系统作为一个整体考虑,在这一系统中要保持内部导向链的连续、一致和完整。广义的系统性是将一个城市作为一个大的系统考虑。每个子系统的导向要素设计,不但要照顾到小系统的内部,还要充分考虑与其他系统的衔接,尤其要考虑本系统导向要素的功能扩展,要通过本系统导向要素的设置对城市整体导向环境做出贡献,例如地铁站的名称,不但要让到达地铁站附近的乘地铁的人员看到,还要考虑给其他人员导向的信息，以便他们能够借助地铁站的名称辨别自己所在的位置。

3.国际化并体现中国特色

导向系统要向来自世界各国和中国各地的人士传递公共信息。因此，它应具备两个特点：首先要没有语言和文化的障碍，具备国际化特点；其次要具有中国特色。

导向系统的国际化可以通过两种方式加以体现，一是使用国际通用的图形标志，二是在使用中文的同时使用国际普遍使用的英文。图形标志和中英文双语标志是城市导向系统中的重要组成元素之一，也是导向系统国际化程度的重要指标之一。中国的特色主要体现在规范的汉语、汉字的使用，以及具有中国传统特点的标志设计风格。

（二）标准制定流程

为使标准在城市导向系统的建设和管理中起到规范、引领作用，标准起草小组在制定标准时应以科学、谨慎的态度，对现有城市导向系统文件、政策、模式做充分调查研究，在听取有关人员及业内人士意见的基础上，经过综合分析、充分验证资料、反复讨论研究和修改，制定出具有科学性、可操作性的城市导向标准，图 3-1 为标准的编制技术路线图。

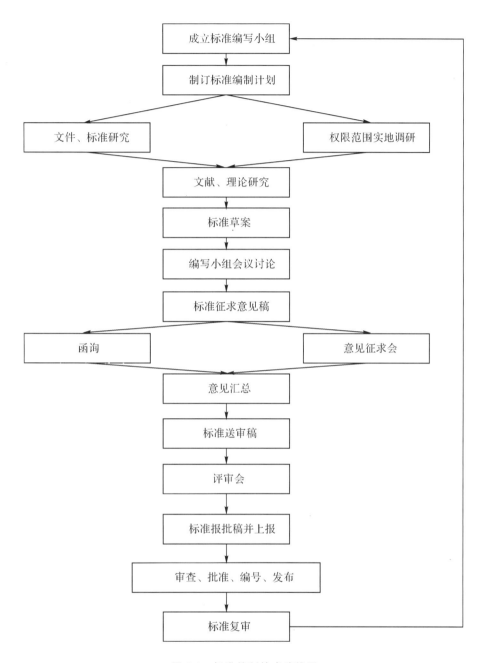

图 3-1 标准编制技术路线图

二、标准实施

标准实施是一项有计划、有组织、有措施的贯彻执行标准的活动，是将标准贯彻到城市导向系统的设计、设置、评价工作中去的过程。

（一）实施标准程序

实施标准的流程如图 3-2 所示。

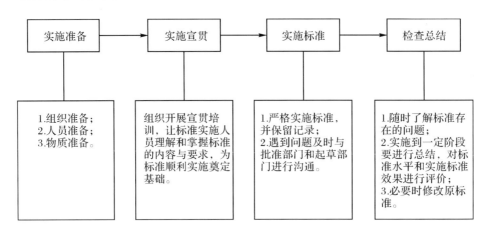

图 3-2　标准实施流程图

标准在实施中体现了标准制定后产生的效果是标准化工作的重要目的，虽然不同级别的标准实施的步骤不尽相同，但基本上是围绕以下内容工作的。

1.实施准备

标准发布以后（在许多情况下是标准将要发布时）就应把实施该标准的工作列入工作计划并完成以下内容：

（1）应建立相应的城市导向标准化技术管理机构，统一组织标准实施工作；

（2）配备具有相应资质和技能的工作人员；

（3）准备实施标准所需要的各种物质。

2.实施宣贯

标准化的各项效果，只有当标准发布之后进行认真宣贯，发挥了应有的作用之后才能够取得。组织开展标准的宣贯培训，让标准实施人员理解和掌握标准的内容与要求，必要时应组织标准起草人或熟悉标准内容的人员来讲解标准，为标准顺利实施奠定基础。

3.标准实施

标准实施流程如下：

（1）应按计划组织标准的实施，使标准规定的各项要求在服务过程的各个环节上得以实现；

（2）保留标准实施过程所产生的记录；

（3）实施国家标准、行业标准、地方标准遇到问题，及时与标准起草部门、标准归口部门、相关标准化技术管理机构进行沟通。

4.检查总结

（1）保障标准实施中问题、信息反馈渠道的畅通，随时了解标准存在的问题，必要时采取措施；

（2）实施到一定阶段要进行总结，对标准水平和实施标准效果进行评价。

（3）实施标准过程中发现的问题无法通过指定措施给予解决，必要时可对原标准进行修改。

三、监督管理

对标准实施进行监督管理是指对标准实施情况与结果进行监督、检查和处理。标准实施的监督检查可促进标准的有效执行，发现标准存在的问题，制定改进措施，推动标准正确、持久实施和建立内部监督、自我约束的机制。

导向标准的监督管理范围包括设计环节、施工环节、维护环节、后续改良环节的运行和管理。

（一）设计环节

对标识导向系统设计环节的监督管理，需要调查、分析设计团队了解标识的实际需求，具有好的解读能力，并熟悉相关标识的国际或国家通行规范、条例，具备优良的文字编写与图案设计能力，精通标识系统所需的各种语言，并能运用国际现今标识设计、制作的技巧、技术与材质、工艺的能力；之后，在分析总结使用者各方面需求的基础上，具体对标识导向系统在场地中的规划设置、标识系统的内容、文字和图案等方面进行分析，并提供合理的工艺和材质建议。

（二）施工环节

标识在制作和施工方面的监督管理需要统筹协调部门与设计团队的配合。在设计团队的指导下，施工方进行标识系统的制作、安装和搭建等施工方面的工作；统筹协调部门要协助设计团队对标识的施工和制作的质量和水准进行必要的管理和监督，并协助和督促施工方对导向标识的载体进行定期的维护保养，及时进行补充或更替，确保标识导向系统功能的顺利发挥。

标识设施的施工是其所处环境整体建设的组成部分之一,必须在设计、制作、安装上充分考虑环境建设的进度和需求,避免不必要的重复建造(如在电子信息标识附近,应预留电缆接口和配备供电箱,以防重复开挖路面)。在标识的设施建设中,充分了解项目区域相关建设进程及相关细节,配合和指导建设单位和标识制作公司;做好标识设施的建设也是标识导向系统管理的一部分。

(三)维护环节

除了设计、制作和施工方面需要统筹和系统化的管理之外,标识导向系统的维护也是保障其功能顺利发挥的重要方面。标识导向系统是环境中具有功能性的设施,它在环境中会由于环境条件或者人为因素产生材质的老化或损耗等问题,尤其是户外场所的导向标识的载体受环境和外界的影响更大。如果标识导向系统产生了损耗或毁坏的现象,其功能性就会大打折扣,有时不仅无法进行导向服务,还可能造成安全隐患。

为了保障标识导向系统的导向和指示功能,统筹管理部门还要对标识导向系统的损坏、耗损等方面进行有力的监管,并对老化或损坏的导向标识进行及时的维修或替换,以维持标识间的联系性并保证标识本身的功能性。

(四)后续改良环节

标识导向系统是环境和人们之间有效沟通的重要环节,它具有很强的公共性和功能性,因此标识导向系统不仅需要与其所处的环境在信息变化方面具有同步性,还需要根据使用者的意见和具体实施时出现的问题等进行改良性的设计和更新。运用 PDCA 循环对标识导向系统进行分析和改良能够提高标识导向系统的准确度和有效性,并能够帮助标识导向系统的功能得到充分的发挥和展现。

第二节 城市导向标准化建设

一、加强导向标准体系建设

按照城市公共信息导向系统理论,导向系统是一个由各类要素构成的复杂的信息系统。因此,在对导向系统进行标准化时,应尽早规划标准化体系,以便相关联的标准之间能够相互配合,形成有机的整体。

二、制订导向系统标准规划

各大中城市应尽快组织标准化、城市规划等相关领域的专家,启动城市导向系统规划的研究,并在研究的基础上制定发布各城市的"城市公共信息导向系统总体规划"。在"规划"的制定过程中,一要坚持公共信息导向规划与城市总体规划相结合;二要坚持导向规划与标准化相结合;三要合理利用各城市现有的导向资源,在充分论证的基础上,保留规范化、系统化和国际化水平较高的导向标志,改造一些条件尚可的导向系统;四要坚持统筹规划,合理布局,要合理确定导向系统的建设规模,明确建设重点。"规划"发布后,要尽快组织各行业、各部门积极落实"规划",推动完善的城市导向系统建设。

三、完善导向系统标准设计

加强标准化教育工作,提高工程技术人员、平面设计人员的标准应用和导向系统设计水平。各个具体设置导向系统的单位在建设导向系统时,应以国家标准为依据,进行系统设计,编制相应的设计规范,进而形成设计方案,在此基础上进行工程施工,建成完善的导向系统。

四、开展导向系统标准评价

建立导向系统检查验收机制,开展城市导向系统评价指标体系的研究,建立标准化的评价指标体系,并在此基础上,对导向系统的完善程度进行科学的评价,不断改善城市导向系统。

将城市导向系统标准化建设纳入城市基础设施建设。对于新建和改建的工程项目,建设单位应将导向系统的设置同时列入工程项目设计,在进行项目审查时应将是否设置了导向系统,系统是否符合标准作为审查内容之一。建设项目在竣工验收时,将导向系统设置情况作为验收内容之一。

第三节　城市导向政策法规选编

城市导向系统政策法规是国家在城市导向标准化方面的法律、法规、规章以及纳入国家法律、法规要求强制执行的各类标准之总和，它们具有法的所有属性，并且是城市导向标准化管理的根据依据。表 3-1 所示政策法规是城市导向系统标准化建设的指导性文件。

表 3-1　政策法规清单（部分）

序号	发布号	政策法规名称	实施日期
1	中华人民共和国主席令第 11 号	中华人民共和国标准化法	1989 年 4 月 1 日
2	中华人民共和国国务院第 53 号令	中华人民共和国标准化法实施条例	1990 年 4 月 6 日
3	国家技术监督局令第 12 号	中华人民共和国标准化法条文解释	1989 年 4 月 1 日
4	中华人民共和国主席令第 47 号	中华人民共和国道路交通安全法	2011 年 5 月 1 日
5	中华人民共和国主席令第 3 号	中华人民共和国旅游法	2013 年 10 月 1 日
6	国家技术监督局令第 10 号	国家标准管理办法	1990 年 8 月 24 日
7	国家技术监督局令第 11 号	行业标准管理办法	1990 年 8 月 24 日
8	国家技术监督局令第 15 号	地方标准管理办法	1990 年 9 月 6 日
9	浙交〔2000〕463 号	浙江省公路沿线非公路标牌管理办法	2000 年 12 月 5 日
10	浙公路〔2010〕80 号	浙江省普通国省道公路指路标志设置技术意见	2010 年 7 月 20 日
11	杭政办函〔2012〕235 号	杭州市城市轨道交通试运营验收管理办法	2012 年 9 月 3 日
12	杭州市人民政府令第 133 号	杭州市公共信息图形标志标准化管理办法	1998 年 11 月 30 日
13	上海市人民政府令第 131 号	上海市公共信息图形标志标准化管理办法	2003 年 4 月 1 日
14	成都市人民政府令第 125 号	成都市公共信息标志标准化管理办法	2006 年 8 月 1 日
15	广州市人民政府令第 67 号	广州市公共信息标志标准化管理办法	2012 年 5 月 1 日
16	南昌市人民政府令第 142 号	南昌市公共信息标志标准化管理办法	2011 年 4 月 1 日

序号	发布号	政策法规名称	实施日期
17	青岛市人民政府令第 196 号	青岛市公共信息图形标志管理办法	2008 年 7 月 1 日
18	沈阳市人民政府令第 25 号	沈阳市公共信息标志标准化管理办法	2011 年 8 月 1 日
19	南京市人民政府令第 269 号	南京市公共信息标志标准化管理办法	2009 年 1 月 1 日
20	银川市人民政府令第 10 号	银川市公共信息标志标准化管理办法	2013 年 1 月 1 日
21	三府〔2010〕9 号	三亚市公共信息标志标准化管理办法	2010 年 1 月 14 日
22	苏交法〔2005〕92 号	江苏省非公路标志设置管理暂行规定	2006 年 1 月 1 日
23	浙交〔2011〕68 号	浙江省公路水运建设工程施工现场安全标志和安全防护设施设置规定（试行）	2011 年 3 月 28 日
24	甘肃省人民政府令第 103 号	甘肃省公路沿线非公路标志牌管理办法	2014 年 1 月 1 日
25	津建质安〔2015〕18 号	天津市竣工工程设置永久性标志牌规定	2015 年 1 月 26 日

附　录　城市导向相关政策法规(部分)

中华人民共和国标准化法

第一章　总　则

第一条　为了发展社会主义商品经济,促进技术进步,改进产品质量,提高社会经济效益,维护国家和人民的利益,使标准化工作适应社会主义现代化建设和发展对外经济关系的需要,制定本法。

第二条　对下列需要统一的技术要求,应当制定标准:

(一)工业产品的品种、规格、质量、等级或者安全、卫生要求。

(二)工业产品的设计、生产、检验、包装、储存、运输、使用的方法或者生产、储存、运输过程中的安全、卫生要求。

(三)有关环境保护的各项技术要求和检验方法。

(四)建设工程的设计、施工方法和安全要求。

(五)有关工业生产、工程建设和环境保护的技术术语、符号、代号和制图方法。

重要农产品和其他需要制定标准的项目,由国务院规定。

第三条　标准化工作的任务是制定标准、组织实施标准和对标准的实施进行监督。

标准化工作应当纳入国民经济和社会发展计划。

第四条　国家鼓励积极采用国际标准。

第五条　国务院标准化行政主管部门统一管理全国标准化工作。国务院有关行政主管部门分工管理本部门、本行业的标准化工作。

省、自治区、直辖市标准化行政主管部门统一管理本行政区域的标准化工作。省、自治区、直辖市政府有关行政主管部门分工管理本行政区域内本部门、本行业的标准化工作。

市、县标准化行政主管部门和有关行政主管部门,按照省、自治区、直辖市政府规定的各自的职责,管理本行政区域内的标准化工作。

第二章 标准的制定

第六条 对需要在全国范围内统一的技术要求,应当制定国家标准。国家标准由国务院标准化行政主管部门制定。对没有国家标准而又需要在全国某个行业范围内统一的技术要求,可以制定行业标准。行业标准由国务院有关行政主管部门制定,并报国务院标准化行政主管部门备案,在公布国家标准之后,该项行业标准即行废止。对没有国家标准和行业标准而又需要在省、自治区、直辖市范围内统一的工业产品的安全、卫生要求,可以制定地方标准。地方标准由省、自治区、直辖市标准化行政主管部门制定,并报国务院标准化行政主管部门和国务院有关行政主管部门备案,在公布国家标准或者行业标准之后,该项地方标准即行废止。

企业生产的产品没有国家标准和行业标准的,应当制定企业标准,作为组织生产的依据。企业的产品标准须报当地政府标准化行政主管部门和有关行政主管部门备案。已有国家标准或者行业标准的,国家鼓励企业制定严于国家标准或者行业标准的企业标准,在企业内部适用。

法律对标准的制定另有规定的,依照法律的规定执行。

第七条 国家标准、行业标准分为强制性标准和推荐性标准。保障人体健康,人身、财产安全的标准和法律、行政法规规定强制执行的标准是强制性标准,其他标准是推荐性标准。

省、自治区、直辖市标准化行政主管部门制定的工业产品的安全、卫生要求的地方标准,在本行政区域内是强制性标准。

第八条 制定标准应当有利于保障安全和人民的身体健康,保护消费者的利益,保护环境。

第九条 制定标准应当有利于合理利用国家资源,推广科学技术成果,提高经济效益,并符合使用要求,有利于产品的通用互换,做到技术上先进,经济上合理。

第十条 制定标准应当做到有关标准的协调配套。

第十一条 制定标准应当有利于促进对外经济技术合作和对外贸易。

第十二条 制定标准应当发挥行业协会、科学研究机构和学术团体的作用。

制定标准的部门应当组织由专家组成的标准化技术委员会,负责标准的草拟,参加标准草案的审查工作。

第十三条　标准实施后,制定标准的部门应当根据科学技术的发展和经济建设的需要适时进行复审,以确认现行标准继续有效或者予以修订、废止。

第三章　标准的实施

第十四条　强制性标准,必须执行。不符合强制性标准的产品,禁止生产、销售和进口。推荐性标准,国家鼓励企业自愿采用。

第十五条　企业对有国家标准或者行业标准的产品,可以向国务院标准化行政主管部门或者国务院标准化行政主管部门授权的部门申请产品质量认证。认证合格的,由认证部门授予认证证书,准许在产品或者其包装上使用规定的认证标志。

已经取得认证证书的产品不符合国家标准或者行业标准的,以及产品未经认证或者认证不合格的,不得使用认证标志出厂销售。

第十六条　出口产品的技术要求,依照合同的约定执行。

第十七条　企业研制新产品、改进产品,进行技术改造,应当符合标准化要求。

第十八条　县级以上政府标准化行政主管部门负责对标准的实施进行监督检查。

第十九条　县级以上政府标准化行政主管部门,可以根据需要设置检验机构,或者授权其他单位的检验机构,对产品是否符合标准进行检验。法律、行政法规对检验机构另有规定的,依照法律、行政法规的规定执行。

处理有关产品是否符合标准的争议,以前款规定的检验机构的检验数据为准。

第四章　法律责任

第二十条　生产、销售、进口不符合强制性标准的产品的,由法律、行政法规规定的行政主管部门依法处理,法律、行政法规未作规定的,由工商行政管理部门没收产品和违法所得,并处罚款;造成严重后果构成犯罪的,对直接责任人员依法追究刑事责任。

第二十一条　已经授予认证证书的产品不符合国家标准或者行业标准而使用认证标志出厂销售的,由标准化行政主管部门责令停止销售,并处罚款;情节严重的,由认证部门撤销其认证证书。

第二十二条　产品未经认证或者认证不合格而擅自使用认证标志出厂销售的,由标准化行政主管部门责令停止销售,并处罚款。

第二十三条　当事人对没收产品、没收违法所得和罚款的处罚不服的,可以在接到处罚通知之日起十五日内,向作出处罚决定的机关的上一级机关申请复议;对复议决定不服的,可以在接到复议决定之日起十五日内,向人民法院起诉。当事人也可以在接到处罚通知之日起十五日内,直接向人民法院起诉。当事人逾期不申请复议或者不向人民法院起诉又不履行处罚决定的,由作出处罚决定的机关申请人民法院强制执行。

第二十四条 标准化工作的监督、检验、管理人员违法失职、徇私舞弊的,给予行政处分;构成犯罪的,依法追究刑事责任。

第五章 附 则

第二十五条 本法实施条例由国务院制定。

第二十六条 本法自 1989 年 4 月 1 日起施行。

杭州市公共信息图形标志标准化管理办法

第一条 为加强对公共场所设置公共信息标志的管理,提高城市文明和现代化程度,美化城市环境,推动我市旅游业的发展,根据《中华人民共和国标准化法》《中华人民共和国标准化法实施条例》等国家有关法律法规,结合本市实际,制定本办法。

第二条 凡在杭州市行政区域范围内(包括市辖县、市)从事公共信息标志设计、制作、销售以及设置、使用公共信息标志的单位和个人,均须遵守本办法。

第三条 本办法所称的公共信息标志,是指用书写、制图、印刷等技术制成,以文字、字母、图形、标志、标线等来表明服务设施的用途、方位以及为保障人身、财产安全而在公共场所设置的信息标志。

第四条 各级人民政府应切实加强对公共信息标志标准化的领导,将其纳入城市建设和旅游发展规划。

第五条 杭州市人民政府技术监督行政主管部门负责统一组织、协调、监督管理全市公共信息标志的标准化工作。各县(市)技术监督行政主管部门负责本行政区域内公共信息标志标准化的管理工作。

市技术监督行政主管部门可以委托区技术监督机构负责本辖区公共信息标志标准化的管理工作。

第六条 各有关行政部门、行业主管部门应根据国家有关法律、法规、规章,组织本系统、本行业实施公共信息标志的各项标准,并对实施情况进行监督、检查。

第七条 设置公共信息标志,应当遵循"需要、适用、规范"的原则,有利于在公共场所指导人们有序活动,有利于提高社会文明程度。

第八条　宾馆、饭店、娱乐场所、影剧院、商场、建筑工地、医院、体育场（馆）、会议中心、展览馆、市场、机场、车站、码头、风景旅游区、博物馆以及城市道路、公共厕所等，必须按规定设置相应的公共信息标志。公共信息标志的具体设置范围和设置要求，由市技术监督行政主管部门会同有关部门根据国家有关规定另行制定。

第九条　设置公共信息标志，必须规范、准确、醒目，并符合国家、行业强制性标准及《公共信息标志用图形符号》系列标准规定的要求，其中中文应按《杭州市社会用字管理办法》的规定规范用字。凡不符合本办法规定的公共信息标志，设置单位应当按杭州市执行国家强制性标准公共信息图形符号的要求进行改正。

第十条　公共场所凡涉及人身、财产安全以及指导人们行为规范的有关安全事项时，其管理单位必须按规定设置相应的公共信息标志和安全标志。需要设置中、英文文字说明的引导标志的，必须符合国家、行业标准的有关规定。

第十一条　新建工程项目，建设单位应将公共信息标志的设置同时列入工程项目设计，有关部门在进行项目会审时应将标志是否设置并符合国家标准作为审查内容之一。建设项目在竣工验收时，有关部门应将公共信息标志设置情况作为验收内容之一。

第十二条　公共信息标志的使用单位应经常对公共信息标志的使用情况进行检查，因故损坏时应及时予以修复和更新。

第十三条　公共信息标志的制作单位制作各类标志时，应严格按国家、行业有关标准规定的公共信息标志用图形符号进行制作。各类公共信息标志经检验合格后，方可销售。公共信息标志的销售单位，必须销售经检验合格的公共信息标志。

第十四条　违反本办法有下列行为之一的，由技术监督行政主管部门根据情节轻重，给予以下处罚：

（一）未按规定设置公共信息标志的，给予警告，责令限期改正；逾期不改正的，处以500元以上2000元以下的罚款，并对有关责任人员处以100元以上500元以下的罚款。

（二）设置的公共信息标志不符合国家、行业标准的，给予警告，责令限期改正；逾期不改正的，处以100元以上1000元以下的罚款，并对有关责任人员处以100元以上500元以下的罚款。

（三）生产不符合国家、行业有关强制性标准的公共信息标志产品的，责令停止生产，没收产品，并处以该批产品货值金额20％至50％的罚款，对有关责任人员处以500元以上5000元以下罚款。

（四）销售不符合国家、行业有关强制性标准的公共信息标志产品的，责令停止销售，没收违法所得，并处以该批产品货值金额 10%至 20%的罚款，对有关责任人员处以 500 元以上 5000 元以下罚款。

第十五条　对违反本办法的行为实施行政处罚，必须按照《中华人民共和国行政处罚法》规定的程序执行。

第十六条　当事人对行政处罚决定不服的，可依法申请复议或向人民法院提起诉讼。当事人逾期不申请复议、也不向人民法院提起诉讼、又不履行处罚决定的，由作出处罚决定的机关申请人民法院强制执行。

第十七条　本办法由杭州市人民政府法制局负责解释。

第十八条　本办法自发布之日起施行。

上海市公共信息图形标志标准化管理办法

第一条（目的和依据）

为了加强对本市公共信息图形标志的标准化管理，提高城市文明程度和管理水平，方便人民生活，根据《中华人民共和国标准化法》《中华人民共和国标准化法实施条例》等法律、法规的规定，结合本市的实际，制定本办法。

第二条（适用范围）

本市行政区域内公共场所信息图形标志（以下简称公共信息图形标志）的制订、制作、销售和设置及其相应的监督管理活动，适用本办法。

第三条（含义）

本办法所称的公共信息图形标志，是指以图形、色彩和必要的文字、字母等或者其组合，表示所在公共区域、公共设施的用途和方位，提示和指导人们行为的标志物。

本办法所称的公共信息图形标志的制订，是指按照特定程序，确定公共信息图形标志用图形符号，包括所需信息的收集、标志用图形符号方案的设计和测试。

本办法所称的公共信息图形标志的制作，是指按照国家、行业、地方标准规定的图形符号和色彩，设计、加工公共信息图形标志。

第四条（管理部门）

上海市质量技术监督局（以下简称市质量技监局）是本市公共信息图形标志标准化的行政主管部门，负责全市公共信息图形标志标准化的管理工作。

各区、县质量技术监督局负责本行政区域内公共信息图形标志标准化的具体管理工作。

第五条（相关部门职责）

城市交通、民航、铁路、建设、市政、旅游、商业、文化广播影视、体育、卫生、公安、消防、市容环卫、绿化等行政主管部门按照各自职责，组织本系统、本行业公共信息图形标志标准的实施，并接受质量技术监督部门的指导。

第六条（制订标志的程序与要求）

公共信息图形标志应当按照制订标志图形符号的有关国家、行业、地方标准制订。

公共信息图形标志的设计应当规范、准确、简洁、醒目，中文表述应当符合国家通用语言文字的有关规定。

第七条（标志标准的制定）

需要在本市公共场所普遍适用的公共信息图形标志，而国家、行业尚未制定标准的，市质量技监局应当制定地方标准。单位和个人可以向市质量技监局提出制定地方标准的建议。

第八条（标志的制作和销售）

国家、行业、地方标准对公共信息图形标志的图形符号和色彩有规定的，公共信息图形标志的制作单位应当按照国家、行业、地方标准的规定制作公共信息图形标志。

不得制作和销售违反前款规定的公共信息图形标志。

第九条（标志的设置）

公共场所内涉及人身、财产安全和市民基本需要的区域、设施，应当设置公共信息图形标志。

前款规定以外的公共场所，管理和使用单位可以根据需要，设置相应的公共信息图形标志。

公共信息图形标志的设置应当符合有关图形标志设置原则与要求的国家、行业标准的规定。各行业的具体设置方案由市质量技监局会同各有关行政主管部门另行制定，公共场所的管理和使用单位或者有关机构组织实施。

第十条（城市基础设施项目中的标志设置）

符合本办法第九条第一款规定情形的城市基础设施项目，建设单位应当将公共信息图形标志的设置列入工程项目设计。建设单位组织设计、施工、工程监理等有关单位进行竣工验收时,应当将公共信息图形标志设置的标准化情况列入验收内容。

前款规定的城市基础设施项目中,为公共信息图形标志的预留位置应当优先于商业广告设施。设置商业广告设施的,不得影响公共信息图形标志的使用效果。

第十一条(自行制订、制作、设置标志)

国家、行业、地方尚未制定有关标准,而公共场所的管理和使用单位又需要设置公共信息图形标志的,可以自行制订、制作和设置公共信息图形标志。

第十二条(标志的维护)

公共信息图形标志的设置单位应当对本单位管理区域内的公共信息图形标志定期进行检查、维护,有损坏、脱落等情况的,应当及时修复和更新,以保持公共信息图形标志的完好、整洁。

第十三条(标准的查询)

市质量技监局应当建立公共信息图形标志标准的查询制度,为单位和个人提供公共信息图形标志标准的查询服务。

第十四条(违法行为的处罚)

制作、销售不符合强制性国家、行业、地方标准规定的公共信息图形标志的,由质量技监部门责令限期改正;逾期不改正的,依照《中华人民共和国标准化法实施条例》第三十三条的规定进行处罚。

设置不符合强制性国家、行业、地方标准规定的公共信息图形标志,或者设置公共信息图形标志不符合强制性国家、行业、地方标准的,由有关行政主管部门依据有关法律、法规和规章的规定责令改正或者实施处罚。质量技监部门发现上述违法行为,应当提请有关行政主管部门及时实施监督管理。

第十五条(标准实施目录)

制订、制作、销售和设置公共信息图形标志的标准,按照本办法附录的《公共信息图形标志标准实施目录》执行。

市质量技监局可以根据国家、行业和本市有关公共信息图形标志标准的制定情况,对《公共信息图形标志标准实施目录》所列项目进行补充和调整,并在报市人民政府批准后,向社会公开发布。

第十六条(施行日期)

本办法自 2003 年 4 月 1 日起施行。